高等学校教材

生物安全与环境

李 霞　李丽芬　陈慧英◎主编

SHENGWU ANQUAN
YU HUANJING

U0231619

化学工业出版社

·北京·

内容简介

本书全面、系统地介绍了生物安全及其对生态环境的影响，内容包括转基因技术及环境安全、生物入侵及其对环境的危害、微生物安全与环境、生物农药的生物安全及环境影响等，并对我国的生物安全管理法规、微生物实验室的建设等进行了详细介绍，做到理论研究与技术应用相结合，知识解读与案例分析相结合，问题剖析与对策探讨相结合。

本书可作为高等院校生物工程、化学工程与工艺、化学、食品、环境、农林、医学以及相关专业的教材，也可供相关行业科研人员参考。

图书在版编目（CIP）数据

生物安全与环境/李霞，李丽芬，陈慧英主编．—北京：化学工业出版社，2024.3
高等学校教材
ISBN 978-7-122-44932-0

Ⅰ.①生…　Ⅱ.①李…②李…③陈…　Ⅲ.①生物工程-安全科学-高等学校-教材②环境生物学-高等学校-教材　Ⅳ.①Q81②X17

中国国家版本馆 CIP 数据核字（2023）第 239761 号

责任编辑：曾照华　林　洁　　装帧设计：王晓宇
责任校对：李雨函

出版发行：化学工业出版社
　　　　　（北京市东城区青年湖南街 13 号　邮政编码 100011）
印　　装：北京盛通数码印刷有限公司
787mm×1092mm　1/16　印张 9¼　字数 198 千字
2024 年 9 月北京第 1 版第 1 次印刷

购书咨询：010-64518888　　售后服务：010-64518899
网　　址：http://www.cip.com.cn
凡购买本书，如有缺损质量问题，本社销售中心负责调换。

定　　价：49.00 元　　　　　版权所有　违者必究

前言

　　生物安全是指由现代生物技术开发和应用对生态环境和人体健康造成的潜在威胁，需要对其所采取的一系列有效预防和控制措施。生物安全也是国家安全的重要组成部分，维护生物安全应当贯彻总体国家安全观，坚持以人为本、风险预防、分类管理、协同配合的原则。生物安全关乎国家经济贸易利益、生态安全、生态系统平衡、国民身体健康和生物技术健康发展等方面，保障国家生物安全意义重大。当前，我国面临着外来物种入侵、生物遗传资源流失、野生动物的不合理利用、生物多样性减少、转基因生物蔓延等诸多生物安全问题，严重损害我国国家利益和国家安全。随着《中华人民共和国生物安全法》自 2021 年 4 月 15 日起正式施行，我国已把生物安全上升到国家安全战略层面上，生物安全不仅是科学问题，更是影响到国家经济发展和社会和谐与稳定的问题。

　　生物安全与环境是生物工程专业的核心课程之一。本书共五章，具体编写分工如下：绪论由王秀丽、李霞编写，转基因技术与环境安全由陈慧英、李霞编写，生物入侵及其对环境的危害由李丽芬、郭小明编写，微生物安全与环境由王秀丽、韦忠明编写，生物农药的生物安全及环境影响由李丽芬编写。每章后附思考题。本书由陈慧英编写大纲，初稿由李丽芬和王秀丽负责修改，最后由李霞定稿。

　　感谢所有撰稿人投入宝贵的时间，本书在编写过程中得到桂林理工大学教材建设基金资助出版，在此表示感谢！

　　由于编者水平有限，书中疏漏和不当之处在所难免，欢迎大家提出建议和意见。

编者

2023 年 10 月

5　**生物农药的**
114-137　**生物安全及**
　　　　环境影响

参考文献

1

绪　论

1.1　生物安全与生物技术

1.1.1　生物安全的范围

生物安全一般是指由现代生物技术开发和应用对生态环境和人类健康造成的潜在威胁，及对潜在威胁所采取的一系列有效预防和控制措施。生物安全的范围包括：

①　防控重大新发突发传染病、动植物疫情；

②　生物技术研究、开发与应用；

③　病原微生物实验室生物安全管理；

④　人类遗传资源与生物资源安全管理；

⑤　防范外来物种入侵与保护生物多样性；

⑥　应对微生物耐药；

⑦　防范生物恐怖袭击与防御生物武器威胁；

⑧　其他与生物安全相关的活动。

1.1.2　生物安全问题的产生

生物安全问题是在现代生物技术作为一种非常规育种方法，即第一个重组 DNA 实验成功之后出现的，从此生物安全问题引起了国际社会的关注。目前生物安全的焦点问题就是转基因生物（也称遗传工程体或基因修饰生物体）。原因很简单，因为人们担心转基因生物的试验和商业化生产很可能会对生态环境、人类健康等产生不利影响，并且这些影响可能在短期内不一定能被准确监测到。

1.1.3　生物安全与生物技术的关系

转基因产品是人工制造的品种，我们可以把这些品种看作自然界原来不存在的外来种。一般说来，外来种对环境或生物多样性造成威胁或危险会有一段较长的时间，如 Mikkelsen 等证实抗除草剂转基因油菜的抗除草剂基因可以通过基因漂流在一次杂交、一次回交的过程中转到其野生近缘种中。也就是说，在农田生态系统中可能产生新的农田杂草。

生物技术的研究及潜在应用都与生物安全问题密切相关，因此需要引入风险评估的思路和方法，研究能够监控生物技术发展中可能出现的安全问题，预测每个环节所面临的风险。研究人员需要对生物技术可能造成的风险和危害进行全面评估，建立相应的评估程序、方法和工具，开发与其风险水平相适应的管理措施和策略，对技术的安全性、人员的安全性、应用的安全性等进行评估。风险评估的内容应包括风险鉴定、制订风险降低方案、残余风险鉴定、可行性评估、执行和再评估等。

1.2　我国现行的主要生物安全管理法规

1.2.1　《中华人民共和国生物安全法》

2020 年 10 月 17 日，第十三届全国人民代表大会常务委员会第二十二次会议通过了《中华人民共和国生物安全法》（以下简称《生物安全法》），自 2021 年 4 月 15 日起施行。

（1）《生物安全法》实施的意义

制定《生物安全法》是维护国家安全的需要。生物技术在带给人类进步和惠益的同时，也带来了生物安全问题。当前国际生物安全形势严峻，以埃博拉病毒、非洲猪瘟等为代表的重大新发突发传染病及动植物疫情等传统生物威胁依然多发，生物恐怖袭击、生物技术误用、实验室生物泄漏等非传统生物威胁凸显，我国亟待通过生物安全立法应对上述挑战，用法律划定生物技术发展边界，引导和规范人类对生物技术的研究应用，促进生物技术健康发展，防止和减少生物技术侵害行为带来的危害。

制定《生物安全法》是构建国家生物安全体系的需要。通过立法建立行之有效的生物安全管理体制和机制，健全相应的法律制度和措施，明确社会各方面的生物安全行为准则，界定公共管理部门、社会组织和公民个人的义务，保障国家生物资源和人类遗传资源的安全。

制定《生物安全法》是提升国家生物安全能力建设的需要。当前，我国在生物技术研发、基础设施建设上潜力较大，在技术、产品和标准上与发达国家相比有一定差距。将国家生物安全能力建设纳入法律，以法律形式将鼓励自主创新的产业政策和科技政策固定下来，着力掌握核心关键生物技术，依法保障和推进我国生物技术的发展，提升防范风险和威胁的能力。

制定《生物安全法》是顺应民意回应社会关切的需要。全国人大代表连续多年提出生物安全立法议案，第十二届全国人大会议期间，154位全国人大代表共提出5件有关生物安全立法的议案；第十三届全国人大第一次和第二次会议期间，共有214位全国人大代表提出7件有关生物安全立法的议案，这些议案均要求加快生物安全立法进程，表达了人民对依法维护国家生物安全、维护人民利益的呼声。生物安全立法得到我国人民群众的关注和拥护，为生物安全立法奠定了重要的社会基础。

制定《生物安全法》是维护世界和平的需要。为应对生物威胁和挑战，国际社会加快了法治建设进程。联合国通过了《禁止生物武器公约》《生物多样性公约》《国际植物新品种保护公约》《国际植物保护公约》等国际公约，我国已批准加入这些公约并作出了庄严承诺。制定《生物安全法》有利于防范生物威胁，与世界各国一道共同维护世界的和平与稳定。

制定《生物安全法》是完善国家生物安全法律体系的需要。生物安全涉及领域广、发展变化快，现有的相关法律法规往往只对单个具体的生物安全风险进行规范，比较零散，呈现碎片化特征。部分法律效力层级较低，部分已经不能完全适应实践需要，有些领域还缺乏法律规范，因此，从完善社会主义法律体系的需要出发进行考量，制定一部生物安全领域的基础性法律是十分必要的，也是完全可行的。

（2）《生物安全法》的主要内容

① 关于法律适用范围。《生物安全法》根据中央有关生物安全的方针和政策，确定了法律适用范围，主要包括八个方面：一是防控重大新发突发传染病、动植物疫情；二是生物技术研究、开发与应用；三是病原微生物实验室生物安全管理；四是人类遗传资源与生物资源安全管理；五是防范外来物种入侵与保护生物多样性；六是应对微生物耐药；七是防范生物恐怖袭击与防御生物武器威胁；八是其他与生物安全相关的活动。

② 关于建立国家生物安全风险防控体制。《生物安全法》在管理体制上明确实行"协调机制下的分部门管理体制"。中央国家安全领导机构负责国家生物安全工作的决策和议事协调，研究制定、指导实施国家生物安全战略和有关重大方针政策。省、自治区、直辖市建立生物安全工作协调机制，组织协调、督促推进本行政区域内生物安全相关工作。国家生物安全工作协调机制由国务院卫生健康、农业农村、科学技术、外交等主管部门和有关军事机关组成，分析研判国家生物安全形势，组织协调、督促推进国家生物安全相关工作。国家生物安全工作协调机制设立办公室，负责协调机制的日常工作。国家生物安全工作协调机制成员单位和国务院其他有关部门根据职责分工，负责生物安全相关工作。国家生物安全工作协调机制设立专家委员会，为国家生物安全战略研究、政策制定及实施提供决策咨询。国务院有关部门组织建立相关领域、行业的生物安全技术咨询专家委员会，为生物安全工作提供咨询、评估、论证等技术支持。地方各级人民政府对本行政区域内生物安全工作负责。县级以上地方人民政府有关部门根据职责分工，负责生物安全相关工作。基层群众性自治组织应当协助地方人民政府以及有关部门做好生物安全风险防控、应急处置和宣传教育等工作。有关单位和个人应当配合做好生物安全风险防控和应急处置等工作。

③ 关于各项基本管理制度。生物安全立法的重要任务就是依法确定国家生物安全管理的各项基本制度。在制度设置上，主要有 11 个方面，包括国家建立生物安全风险监测预警制度、生物安全风险调查评估制度、生物安全信息共享制度、生物安全信息发布制度、生物安全名录和清单制度、生物安全标准制度、生物安全审查制度、生物安全应急制度、生物安全事件调查溯源制度、境外重大生物安全事件应对制度以及首次进境或者暂停后恢复进境的动植物、动植物产品、高风险生物因子国家准入制度。

④ 关于法律责任。《生物安全法》设立法律责任专章，规定了对国家公职人员不作为或者不依法作为的处罚规定，有利于保证依法履行职权，有利于法律建立的各项制度的切实实施。

1.2.2 《农业转基因生物安全管理条例》

早在 1993 年 12 月，国家科学技术委员会就发布了《基因工程安全管理办法》，对基因工程的实验室安全操作和风险管理提出了规范。随后于 1996 年，农业部根据《基因工程安全管理办法》，颁布了《农业生物基因工程安全管理实施办法》，开始对农业转基因生物安全实施实质性的管理。为了规范日益增多的农业转基因生物研究与环境释放问题，确保生态环境的安全和人类健康，国务院于 2001 年 5 月 23 日颁布了《农业转基因生物安全管理条例》。该生物安全管理条例规定了中国对农业转基因生物实行安全评价制度、标识管理制度、生产和经营许可制度和进口安全审批制度。该生物安全管理条例的发布和实施，标志着中国开始对农业转基因生物的研究、试验、生产、加工、经营和进出口活动实施全面管理。为了实施此生物安全管理条例，在 2002 年 1 月 5 日农业部发布了与此生物安全管理条例配套的三个管理办法，即《农业转基因生物安全评价管理办法》《农业转基因生物进口安全管理办法》和《农业转基因生物标识管理办法》。2017 年 10 月，国务院对《农业转基因生物安全管理条例》（2001 年）进行了修订，增加了对农业转基因生物研发、试验申请和审查程序的规定，明确了相关部门的职责和权限；修订了农业转基因生物安全评价的标准，引入了科学、公正、透明和可操作性的原则，增加了对生态环境和人类健康的风险评估要求；强化了农业转基因生物产品的标识和追溯制度，要求在农产品的包装和标签上明确标注是否是转基因生物制品；调整了农业转基因生物事故的应急处置和风险防控措施，强调加强监测、监管和公众参与，确保农业转基因生物的安全运行；增加了对违规行为的处罚措施，包括对违反规定的责任人员处以罚款、吊销证件、刑事处罚等，同时加强了执法力度。

为使 2017 年修订的《农业转基因生物安全管理条例》更具操作性，2022 年农业农村部、国家市场监督管理总局、国家卫生健康委员会等各部委结合各自管理权限和范畴，分别制定了相关配套管理办法，对农业转基因生物的安全评价、进口安全、产品标识、加工审批、进出境产品检验检疫、食品卫生等管理工作进行了规定和要求。目前，对转基因生物实施安全评价参考 2022 年修订的《农业转基因生物安全评价管理方法》。

1.2.3 其他法规、标准

目前，在我国关于转基因食品领域涉及的法律法规除了《农业转基因生物安全管理条例》（2017 年修订）、《农业转基因生物安全评价管理办法》（2022 年修订）外，还有《中华人民共和国食品安全法》（2021 年修订）、《农业转基因生物标识管理办法》（2017 年修订）、《食品标识管理规定》（2009 年修订）等法规，以及国家标准《预包装食品标签通则》（GB 7718—2011）。

为了进一步规范农业转基因生物安全评价工作，农业部于 2017 年根据《农业转基因生物安全管理条例》和《农业转基因生物安全评价管理办法》修订了《转基因植物安全评价指南》《动物用转基因微生物安全评价指南》，并制定了《转基因动物安全评价指南》。

思考题

1. 我国一直以来高度重视实验室生物安全工作，国家陆续颁布了一系列法律、法规和标准，试举例说明。

2. 狭义上的生物安全和广义上的生物安全分别是什么？

3. 生物安全问题表现在哪几个方面？

4. 我国规定了农业转基因生物几个阶段的申请、评估和审批程序，分别是什么？

5. 自 2001 年《农业转基因生物安全管理条例》颁布至今，经历了几次修订，修订的内容分别是什么？

2

转基因技术与环境安全

2.1 转基因技术概况

2.1.1 转基因技术概念

作为现代分子生物技术的主要分支，转基因技术是指一种可以将外源目的基因转入某一生物体内进行基因重组，以获得某种特定性状并能使该性状在此生物的后代中得到稳定遗传的现代科技手段。

在农业领域，转基因技术与杂交技术的共同点都是为使后代获得具有优势的稳定性状而进行人工育种的方式和手段，不同之处在于转基因技术是人为向目标作物转入外源目的基因，而杂交技术则是人为使作物之间自然杂交。早在 20 世纪 70 年代的英语科技文献中，这种移植了外源目的基因的生物技术被形象地称为 "transgenic technology"，即传统转基因技术。它可以突破物种间的生殖隔离。

随着科技的进步，特别是 20 世纪 90 年代以来，除引入外源目的基因外，还可以运用敲除、加工、改良等手段修改目的基因，从而获得更优质的性状。在此情形下，从字面上理解，不应再被称为 "转基因技术"，而应译为 "基因修饰技术"（genetically modified technology），但国际上 "transgenic technology" "genetically modified technology" 都可指代为 "转基因技术"。

当前具有广阔发展前景的基因编辑技术，也是传统转基因技术的拓展。由于出现时间较短，世界各国针对基因编辑技术及其产品的监管尚处于无法可依的状态。值得注意的是，为避免谈 "转" 色变的情况，常用 "现代生物技术" "生物技术" 等术语替代 "转基因技术"；另一方面，主权国家、地区、国际组织、跨国公司和个人虽对现代生物技术、生物技术的理解不同，认同它们涵盖的内容有所差异，但一般情况下都包含了 "转基因技术"。

2.1.2 转基因技术的基本原理

转基因技术的基本原理是将人工分离和修饰过的优质外源目的基因，导入到生物体基因组中，从而达到改造生物性状表达的目的。当生物体接受外源目的基因导入时，引起了生物体性状可遗传的改变。实际上，就是把一个生物体的基因转移到另一个生物体 DNA 中的生物技术。

2.1.3 转基因技术的基本方法

目前实现转基因常用的方法有显微注射法、基因枪法、电穿孔技术、脂质体转染方法等。

（1）显微注射法

即利用针尖极细（直径 $0.1 \sim 0.5 \mu m$）的玻璃微量注射器，将外源目的基因片段直接注射到原核期胚胎或培养的细胞中，然后藉由宿主基因组序列可能发生的重组、缺失、复制或易位等现象而使外源目的基因嵌入宿主的染色体内，实现宿主细胞的基因改造。

一般的动物细胞的直径大约 $10 \mu m$，人类真核细胞的直径为 $3 \sim 30 \mu m$。因此，直径为 $0.2 \mu m$ 的显微注射器针头可以为各种类型和任意大小的动物细胞提供精确的、重复性良好的细胞内和细胞旁注射。在注射的过程中，动物细胞膜会被刺破。但因为动物细胞膜良好的弹性和流动性，在细胞膜被刺破以及细胞内注入或者抽取物质之后，细胞膜仍然可以恢复完整，恢复好的细胞可以继续存活，正常生长。当然操作手法也会影响实验的成功率。

显微注射技术的长处为：任何 DNA 在原则上均可转入任何种类的动物细胞内，对于所转的外源目的基因没有长度上的限制。

（2）基因枪法

基因枪技术又被称为生物弹道技术（biolistic technology）或微粒轰击技术（particle bombardment technology），是用火药爆炸或者高压气体加速将包裹了 DNA 的球状金粉或者钨粉颗粒直接送入完整的组织或者细胞中的一种技术。它是基因转移技术中的一种方法，其基本原理就是采用一种微粒加速装置，使裹着外源目的基因的微米级的金粉或钨粉颗粒获得足够的动量打入靶细胞或组织。

基因枪法把遗传物质或其他物质附着于高速微弹直接射入细胞、组织和细胞器，是目前国际上最先进的基因导入技术。气体基因枪以压缩气体（氦或氮）转换成的气体冲击波为动力，使气体基因枪产生一种"冷"的气体冲击波进入轰击室，因此可免遭由"热"气体冲击波引起的细胞损伤。基因枪法适用于动植物、细胞培养物、胚胎、细菌及小型动物的转基因，具有快速、简便、安全、高效的特点。

（3）电穿孔技术

当用一定的电场对细胞进行作用时，所形成的电脉冲可以导致细胞膜被电击穿，从而在细胞膜上形成一些具有足够大孔径的微孔（不同的细胞所形成的孔径大小不同，有的在100nm以下，有的在1000nm以上），且这些微孔可以稳定存在一定时间。这就使得细胞内外的分子和离子有机会通过膜孔流出或者流入细胞。在这些离子和分子流出或者流入细胞之后，由电场所诱导的细胞膜微孔还可以再重新封闭，细胞也可以继续维持其生命活力状态，此即可逆性电穿孔。

（4）脂质体转染方法

脂质体（liposome）作为体内和体外输送载体的工具，已经研究得十分广泛，用合成的阳离子脂类包裹DNA，同样可以通过融合而进入细胞。使用脂质体将DNA带入不同类型的真核细胞，与其他方法相比，有较高的效率和较好的重复性。

中性脂质体是利用脂质膜包裹DNA，借助脂质膜将DNA导入细胞膜内。带正电的阳离子脂质体，DNA并没有预先包埋在脂质体中，而是带负电的DNA自动结合到带正电的脂质体上，形成DNA-阳离子脂质体复合物，从而吸附到带负电的细胞膜表面，经过内吞被导入细胞（图2-1）。

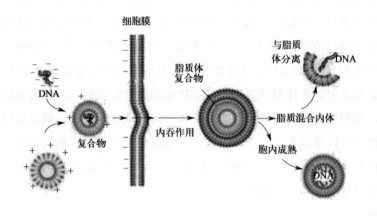

图 2-1　脂质体转染示意图

脂质体转染操作步骤如下。

方法一

① 细胞培养：取 6 孔培养板（或用 35mm 培养皿），向每孔中加入 2mL 含 10^5 个细胞培养液，37℃、18% CO_2 环境下培养至 40%～60% 板底面积。

② 转染液制备：在聚苯乙烯管中制备 A 液和 B 液。A 液：用不含血清培养基稀释DNA，稀释后浓度为 1～10μg/μL，终量为 100μL；B 液：用不含血清培养基稀释 LR，稀释后浓度为 2～50μg/μL，终量为 100μL。轻轻混合 A 液、B 液，室温中放置 10～15min，稍后会出现微浊现象，但并不妨碍转染（如出现沉淀可能因 LR 或 DNA 浓度过高所致，应酌情减量）。

③ 转染准备：用 2mL 不含血清培养液漂洗两次，再加入 1mL 不含血清培养液。

④ 转染：把 A/B 复合物缓缓加入培养液中，摇匀，37℃温箱放置 6～24h，吸除无血清

转染液，换入正常培养液继续培养。

⑤ 其余处理如观察、筛选、检测等与其他转染法相同。

注意：转染时切勿加血清，血清对转染效率有很大影响。

方法二

① 以 $5×10^5$ 个细胞/孔接种 6 孔板（或 35mm 培养皿）培养 24h，使其达到 50%～60%底板面积。

② 在试管中配制 DNA/脂质体复合物，方法如下。

a. 在 1mL 无血清 DMEM 中稀释 PSV2-neo 质粒 DNA 或供体 DNA。

b. 旋转 1s，再加入脂质体悬液，旋转。

c. 室温下放置 5～10min，使 DNA 结合在脂质体上。

③ 弃去细胞中的旧液，用 1mL 无血清 DMEM 洗细胞一次后弃去，向每孔中直接加入 1mL DNA/脂质体复合物，37℃培养 3～5h。

④ 再于每孔中加入 20% FCS 的 DMEM，继续培养 14～24h。

⑤ 吸出 DMEM/DNA/脂质体混合物加入新鲜 10% FCS 的 DMEM，2mL/孔，再培养 24～48h。

⑥ 用细胞刮刀或消化法收集细胞，以备分析鉴定。

方法三

① 接种细胞同方法二。

② DNA/脂质体复合物制备转染细胞同方法二②③。

③ 在每孔中加入 1mL 20% FCS 的 DMEM，37℃培养 48h。

④ 吸出 DMEM，用 G418 选择培养液稀释细胞，使细胞生长一定时间，筛选、转染、克隆。

2.1.4 转基因技术的应用

1865 年，奥地利生物学家格雷戈尔·孟德尔总结出遗传学的两个基本定律（分离与自由组合）；1953 年，美国分子生物学家詹姆斯·沃森和英国物理学与生物学家弗朗西斯·克里克揭示生物遗传物质（DNA）的结构，分子生物学由此诞生；1972 年，美国生物化学家保罗·伯格第一次实现重组 DNA 分子，由此生物体遗传性状可人为改造，基因工程时代开启。转基因技术源于重组 DNA 技术的发明。到 1978 年，内森斯、阿尔伯与史密斯的研究将转基因技术正式推上历史的舞台，他们的贡献在于发现限制性内切酶，也因此获得诺贝尔生理学或医学奖。迄今，转基因技术已广泛应用于医药、农业、环保、能源、新材料等领域，在当代社会各个行业发挥重要的作用。

转基因产业的初步发展阶段。美国食品药品监督管理局（FDA）于 1982 年批准的人胰岛素是世界首例商业化应用的转基因产品。1983 年，孟山都公司 Barton 等人利用人工构建的载体把外源基因成功转入烟草细胞,使转基因技术在作物育种方面取得突破。它消除了不同物种之间的界限,通过有效改变物种的遗传性状,可以大大提高育种的效率。1996年,转基因作物开始全球商业化种植。相比之下,转基因动物虽然最早于1985年出现,动物饲养也在动物健康、疾病防御、生长速度提高、肉质改良以及毛产品增产等方面得到了改善,但是其产业化进展较为缓慢。

随着世界人口的日益增长,传统农业种植和育种模式的增产潜力已被挖掘殆尽,而日益精细的耕作和大量农药、化肥的使用又使原本已经脆弱不堪的生态环境遭到了进一步破坏。在此背景下,人们逐渐认识到开发和运用转基因技术有助于缓解上述问题。大批转基因作物相继研发成功并被批准大面积商业化种植。同时,各种微生物来源的、植物来源的和动物来源的转基因食品纷纷涌现,发展迅速。除应用于作物外,转基因技术还被应用于生产重组疫苗、抗生素、干扰素、啤酒酵母、食品酶制剂、食品添加剂等,并应用于环保及能源领域。

近年来,转基因产业发展动力十足,主要原因在于转基因技术具有以下优势:第一,有助于提高粮食产量,帮助消除饥饿与贫困;第二,有助于减少农药使用,有效保障个人安全。过度使用化肥和农药导致部分农产品的有毒物质残留超标,将不同程度对种植者和消费者的健康造成影响,通过种植具有抗病虫害功能的转基因作物可有效缓解这些问题;第三,有利于保护生物多样性,持续保护生态环境。

在食品领域,利用分子生物学技术,将某些生物的基因转移到农作物中,使农作物在性状、营养品质、消费品质方面向人类所需要的目标转变,从而得到转基因农作物。此外,转基因技术还可用于环境保护,如污染物的生物降解;用于能源生产,如利用转基因生物发酵酒精;用于新材料领域,如利用转基因生物生产高价值的工业品等。

在医疗领域,转基因技术对于开发新药物、新原料以及研究疾病诊疗手段具有积极的探索意义。它可以揭示人类遗传疾病、传染病、内分泌疾病、恶性肿瘤、心血管疾病、神经及免疫系统疾病等的发病机理,为防治危害人类的各种疾病开辟新的领域。

在军事领域,该技术被用于制造基因武器。

2.2 转基因微生物的安全性

2.2.1 转基因微生物的应用概况

20世纪80年代以来生物技术迅速发展,在医药、农业、食品、化工、环境和能源等领域发挥了巨大的经济效益和社会效益。20世纪80年代中期,农业生物基因工程技术成为国外研究的热点,进入90年代后,其发展更为迅速,应用前景更被看好。转基因微生物在农业生产、食品加工、医药生产以及环境保护等领域得到了广泛的应用,可以作为生物反应器用于各种酶制剂、维生素、激素、抗生素等的生产。如奶酪生产中使用的凝乳酶,饲料中使用的植酸酶以及养殖业中使用的牛生长激素(BST)和猪生长激素(PST)等,大部分来自转基因微生物。一些人用和兽用基因工程疫苗为转基因微生物产品。转基因微生物还用于生产生物农药和生物肥料，在农作物生产中发挥重要的作用。

在农业上，据不完全统计，世界各国获准进入田间释放的重组微生物占已登记在案的遗传工程菌环境释放总数的 1.15%，其中受体微生物为细菌的占 1.04%、病毒为 0.32%、真菌为 0.19%。经美国 EPA、USDA 批准转基因微生物约有 50 例，包括 Ecogen、Novartis、Mycogen 和 Research Seed 等高科技公司生产的转 Bt 基因遗传工程菌以及提高苜蓿共生固氮和产量的转基因根瘤菌等商品化产品。

(1) 转基因微生物在农业生产领域的应用

在传统农业生产中，微生物对病、虫、草、鼠害的生物防治，植物生长发育的调节，化学农药残留的生物降解，以及生物固氮等方面都发挥着巨大的作用。随着基因工程技术的迅速发展，农业微生物基因工程逐渐成为国内外研究的热点，并被认为具有很好的应用前景。应用于农业生产上的转基因微生物主要生产转基因微生物农药、转基因微生物肥料，以及利用转基因微生物生产饲料酶。

① 转基因微生物农药。在农业生产上，过量使用化学农药已造成了环境污染、食物残毒、病虫害抗药性产生等方面的问题，因此，对于具有高度专一性和选择性、对人畜和天敌安全、有利于保护生态环境的微生物农药的开发利用引起了人们的重视，但以往生产上应用的菌剂都来自传统选育方法得到的自然菌株，存在防治对象狭窄、效果难以稳定持久等方面的不足，基因工程则为这些菌株的遗传改良提供了有效手段。

目前，中国是世界上农业重组微生物环境释放面积最大、种类最多和研究范围最广的国家，所取得的成就受到各国科学家的广泛关注和高度重视。先进高效的发酵技术将大大提高微生物农药的产量、质量和效益，基因工程使微生物农药的开发具有突破性，应用基因工程可以对微生物农药进行基因重组，提高其生物活性，并提高发酵水平和质量。目前，我国的转基因微生物农药主要有苏云金芽孢杆菌基因工程制剂和转基因病毒制剂，一批拥有自主知识产权的重组微生物农药产品已初具产业规模。转 Bt 基因重组杆状病毒、高毒广谱杀虫工程菌、棉铃虫核型多角体病毒杀虫剂等多种基因工程微生物杀虫剂经农业农村部安全性审批获准进入田间释放或中间试验。重组猪生长激素、高效表达植酸酶的重组毕赤酵母以及其他几种基因工程疫苗也获准进入中间试验或环境释放阶段。

② 转基因微生物肥料。环境中长期大量施用化学肥料特别是化学氮肥可引起一系列不良的环境后果，如土壤板结、肥力下降、耗费能源、污染环境等。土壤中的一些微生物具有生物固氮、溶解磷钾等方面的能力，可以直接作为生物肥料。利用转基因技术对外源固氮基因及其调控元件进行转移从而构建新的重组固氮微生物是一个热点领域，其中联合固氮菌由于具有在禾本科作物上的固氮活性且能促进植物生长而成为国内外开发研究的热点。

中国科研工作者已分离鉴定出 10 余株高固氮活性的菌株，同时，采用多种途径构建了一系列耐铵、高效固氮工程菌株，比野生菌有更好的节肥增产效果。其中包括吸氢酶基因、三叶草素基因、脯氨酸脱氢酶基因的多株工程菌，部分菌株室内条件下固氮效率和竞争结瘤能力有明显提高。

③ 应用转基因微生物生产饲料酶制剂。酶是由生物体产生的、具有生物催化活性的一类蛋白质，生物体内的反应一般都需要在酶的作用下完成。对于酶的人工利用很早就在酿酒等食品生产中应用。动物在消化饲料的过程中，仅仅利用自身的内源性酶，如淀粉酶、胃蛋白酶、胰脂酶、蔗糖酶、乳糖酶、麦芽糖酶等，是不能充分消化饲料的。因此，充分利用现有饲料来源，开发新的非常规饲料，同时也为减少动物排泄物对环境的污染，研制和生产外源性饲料酶已成为饲料工业中的一个重大课题。为进一步规范新饲料和新饲料添加剂安全性评价工作，根据《饲料和饲料添加剂管理条例》和《新饲料和新饲料添加剂管理办法》，我国制定了《直接饲喂微生物和发酵制品生产菌株鉴定及其安全性评价指南》。

工业化的饲料酶主要利用微生物发酵来生产，利用基因工程技术，可以大大提高各种饲料酶的活性、稳定性和耐热性等。用基因工程菌生产饲料酶的基本过程是：首先将可表达特异序列编码的 cDNA 进行克隆和分离，将 cDNA 转入作为表达载体的某个菌株，该菌株要符合低成本、大规模发酵生产和高水平表达等特点，最后再通过低成本的酶纯化方法来分离纯化得到重组饲料酶。近年来已发现，丝状真菌如黑曲霉（Aspergillus niger）、米曲霉（A. oryzae）和无花果曲霉（A. ficuum）就具有这种低成本生产各种重组蛋白（包括酶）的表达系统。

（2）转基因微生物在食品生产领域的应用

直接使用转基因微生物作为食品的例子目前还没有出现，但是将转基因细菌和真菌生产酶用于食品生产和加工已经比较普遍，如奶酪生产中使用的凝乳酶、啤酒和饮料生产中的淀粉酶、面包等食品生产中的蛋白酶等。

利用转基因微生物生产酶制剂的主要目标是加强酶制剂的加工特性，转基因微生物生产的酶制剂较传统方法得到的产品具有产量高、品质均匀、稳定性好、价格低廉的优点。

利用基因工程技术改良菌种生产的第一种食品酶制剂是凝乳酶。目前被核准使用的转基因微生物凝乳酶产品有三种，其基因表达的宿主分别为 A. niger、K. lactis 和 E. coli K12。基因工程凝乳酶产品的纯度高且含 100% 凝乳酶（小牛胃萃取液仅含 70%～90% 凝乳酶），以其所制造的乳酪在收率与品质上均优于以小牛胃凝乳酶制造的乳酪。美国 Purdue 大学农业政策和技术评定中心主任和农业经济学教授认为，美国有 2/3～3/4 的乳酪在生产过程中使用了基因工程凝乳酶。

（3）转基因微生物在药物生产领域的应用

基因工程制药改变了传统的制药方式，可以利用转基因动植物和转基因微生物来生产药物，将原本难以大量获得的细胞因子、激素和酶类等的基因经重组技术导入大肠杆菌、酵母等微生物或植物细胞中，通过发酵或细胞繁殖的方式生产大量的多肽或蛋白质药物，实现规模化生产。

目前应用最广泛的基因工程药物是人胰岛素，估计发达国家中 2/3 糖尿病患者治疗所用的胰岛素是基因工程产物。1979 年，美国一家基因技术公司将人工合成的人胰岛素基因重组导入大肠杆菌中，从而成功合成了人胰岛素，该技术于1982年进入市场，发展至今已取得了很好的市场效益。从1982年重组胰岛素批准上市至1999年间，有近40种基因工程蛋白质药物投放市场，主要用于治疗癌症、血液病、艾滋病、乙型肝炎、丙型肝炎、细菌感染、骨损伤、创伤、代谢病、外周神经病、心血管病、糖尿病、不孕症等疾病。

（4）转基因微生物在其他领域的应用

转基因微生物除了在农业生产、食品生产和药物生产方面发挥着重要作用之外，在环境保护、传统工业改造以及新能源的开发与利用等方面也有着巨大的应用潜力。

① 环境保护。转基因微生物在环境保护领域中的应用主要是利用基因工程的方法构建工程菌，对工业和生活产生的废弃物进行处理，达到治理环境的目的，与此同时还可以得到具有经济意义的副产品。

1980年美国授予的第一个生物遗传工程专利是一种可吞噬石油的微生物，这一专利的一个主要用途就是清除海洋中泄漏的石油。

工业废水的污染主要原因在于含有重金属和有机物。通过基因工程的办法，可以增强工程菌对重金属和（或）有机物的抗性，以及提高它们对这些污染物的结合和（或）分解能力，在清理工业废水和生活污水中的重金属方面发挥重要作用。

② 传统工业改造。传统的工业过程几乎都是通过高温高压手段以达到目的的耗能过程，应用转基因技术可以在某些情况下达到降低能耗的目的。苏云金芽孢杆菌病毒杀虫剂的生产就是将苏云金芽孢杆菌毒蛋白基因转移到大肠杆菌体内，通过大量表达和发酵达到大规模生产的目的，这样的过程投资少、能耗低，符合可持续发展的要求。

利用转基因技术构建新的工程菌，可以使很多化工原料的产品质量和产量得到显著提高。例如，采用基因工程菌发酵生产头孢菌素C，发酵单位达到28万以上，已赶上国际先进水平；利用工程菌株生产聚羟基丁酸作为原料制造的塑料产品可以被自然环境中的微生物分解，有效地消除了白色污染。

英国《工业微生物学和生物技术》杂志报道，美国加利福尼亚州的一家公司对大肠杆菌进行基因改造，使它能够产生大量色氨酸，并能将色氨酸转换成靛蓝染料的前体吲哚酚，后者暴露在空气中就能变成靛蓝，对牛仔布染色的效果与化学合成的靛蓝染料染色的效果并无不同。

③ 新能源开发与利用。利用转基因技术制造的工程菌可以提高发酵效率，分解纤维素和木质素，从而使稻草、木屑、植物秸秆、食物的下脚料等作为原料生产酒精。

2.2.2 转基因微生物潜在的环境风险

转基因微生物制剂产品研发发展迅速，在农业、食品工业、医药行业及环保等领域已得到广泛的应用，并产生了巨大的社会、经济效益，尽管如此，仍要高度重视其潜在的安全性问题。只有正视转基因微生物才能促使我们去进行科学的、合理的安全评价，及时发现可能的隐患并采取有效的控制措施以消除风险或将其降低至可控、可接受的程度。

（1）微生物在生物安全性上的特点

从生物安全的角度看，与高等动物、植物相比，微生物的显著特点是个体小、繁殖快、数量大、易变异等特点。大多数以微米计量的细菌和真菌只能借助显微镜才能看到，纳米计量的病毒更小，要在电子显微镜下才能看到。其生长繁殖速度迅速，常见的大肠杆菌在合适的条件下，每20分钟可繁殖一代，一个细菌在一天之内可繁殖到约2×10^{21}个，数量之大超出人的意料之外。通常一粒普通的土壤中可以含有上亿个微生物，微生物具有很强的遗传变异与适应能力，由于缺乏组织结构，其直接生活于自然环境中容易受环境条件变化的影响而发生变异。

此外，微生物还有分布广泛、生命力强、容易扩散等特点。微生物能够在高等的动物、植物不能生存的极端环境，比如高空、深海、地下、厌氧、高温、高压、强酸、强碱、高原等环境中生活，是一种潜在的不安全因素，微生物容易在不知不觉中传播扩散，许多微生物可以通过空气、水、土壤、动植物及产品进行远距离传播。据报道，有些细菌和真菌借助高空气流可以传播千里之遥，一旦成为有害生物，其传播之快，影响面积之大，往往是始料不及的。

考虑到微生物的上述特点，在转基因微生物的研发及商业化应用之前，高度重视其安全性评价是极为必要的，不能让转基因微生物成为有害微生物。要关注大量人工培养生产的转基因微生物在生态系统长期应用后会不会对可持续生态系统造成不利的影响，即使不是转基因微生物，在应用自然存在的微生物时也要高度重视，否则也会出现安全隐患。例如，1950年，澳大利亚人将仅对兔子具有致命性的黏液瘤病毒引入野种群。当地的野兔从来没有接触过黏液瘤病毒，抵抗能力有限。随后的几年里，兔子大灭绝行动使得其数量减少了80%，病毒对于兔子的致死率高达99.8%，引发了严重的生态问题及经济大规模混乱。1980年，苏联一百多家生产单细胞蛋白的工厂一度造成了大气中的蛋白物污染，使人发生支气管哮喘、过敏反应和免疫力下降，还有数以千计的饲养动物因食用单细胞蛋白饲料而死亡。这样的事例虽然是极少数，但其根本原因是没有进行科学的安全性评价，大多数转基因微生物在研发时就被设计成在人类的管理和控制下生存和繁殖，但是如果一种转基因微生物在没有人的干预下也能存活或者在转基因微生物和非转基因微生物之间发生基因转移，那么就可能具有潜在的安全性问题。

（2）潜在的环境风险

潜在的环境风险包括以下几方面，第一，转基因微生物扩散到示范区外成为有害生物，例如一些昆虫、风等因素可以影响转基因微生物的扩散，使其在释放区外成为有害生物；第二，转基因微生物通过杂交或别的途径与其他生物交换遗传物质出现新的有害生物或增强有害生物的危害性，假如病原菌获得了转基因微生物中的抗抗生素的性状，就有可能增强竞争力和生理的耐受性，甚至引起因病原菌导致的疾病的流行；第三，对非目标生物造成危害，如微生物通过转基因扩大的宿主范围就可能在清除靶标害虫时也感染其他有益的昆虫；第四，转基因微生物作用不完全产生了意外的负效应，如用转基因微生物来降解三氯乙烯和四氯乙烯，由于降解不完全，产生了更多的乙烯氯化物；第五，改变生物群落结构，破坏生物多样性，如果转基因微生物有很高的适合度和竞争力，就可能取代其他物种，产生复杂的生态效应，转基因微生物通过竞争和干扰使某些野生物种和其他自然物种消失，最后影响了生物多样性；第六，影响生态系统的能量流动和物质循环，例如转基因根瘤菌能显著提高固氮能力，那么氮很有可能在土壤中富集起来，过量的土壤含氮量可能引起新的杂草种群聚集，加大硝酸盐的流失以及提高氮的氧化物进入大气的量。

（3）转基因微生物的环境监测

转基因微生物的环境监测主要是针对上述提到的潜在环境风险进行监测：监测转基因微生物在环境中的生存状况与种群的积累情况、监测其在土壤中与土著生物 DNA 的互动和转移情况、监测转基因微生物释放后对环境的潜在风险等。

（4）转基因微生物的检测方法

从复杂的环境样品中检测出转基因微生物存在很大困难。环境中存在大量的干扰因素，如具有大量相似特性的土壤微生物，众多的物理因素也会对检测产生干扰，而且转基因微生物在环境中的密度有时会很低，要求检测方法有较好的特异性和较高的灵敏度，且准确性高、重复性强，能够广泛应用于取自不同环境中的样品。此外，还应避免实验室培养造成的偏差，可以直接在环境中采取原位分析检测的方法。目前用于转基因微生物检测的方法有以下几种。

① 平板菌落计数法。该方法的基础是不同的培养基对不同种类的微生物可以进行选择性培养。平板菌落计数法应用较多，具有较好的特异性，比直接观察计数方法优越。平板菌落计数法费用低，且较为可靠，采用简单的染色或荧光染色后即可进行直接计数。该方法的缺点是必须依赖于细菌在培养基上的生长。

② 免疫荧光抗体法。利用有荧光的单克隆抗体与环境样品中特定的细菌发生免疫反应进行直接检测。该方法不依赖于培养基，缺点是无法区分死细胞和活细胞，而且受环境中大量物理因素的干扰，灵敏度较低。

③ 核酸序列分析。当从环境样品中分离出细菌后，会提取其重组 DNA 或核糖体 RNA 进行后续的序列分析，具有很高的特异性；但干扰因素多，而且实际操作困难，不易推广应用。

④ DNA 杂交技术。可以用基因探针直接检测环境样品，而且不依赖于特定基因的表达，可以检测在培养基上无法生长的转基因微生物。但环境中许多基因都能与探针杂交，结合 PCR 技术进行检测可以大大提高灵敏度，但费用高，程序较为复杂，不易于推广。

2.2.3 转基因微生物的环境安全性评价

安全性评价是在对转基因微生物及其产品的安全等级、工作目的、地点和环境的安全性和拟采取的监控措施的有效性等相关资料进行综合考查的基础上完成的。转基因微生物的安全等级根据受体微生物的安全等级和基因操作对受体微生物安全性的影响类型和影响程度来确定。转基因微生物产品的安全等级一般根据转基因微生物的安全等级以及产品的加工和使用对其安全性的影响程度来确定。

(1) 安全性评价的资料要求

① 受体微生物的生物学特性和安全性。包括受体微生物的名称、分类、地位、自然习性、地理分布、应用情况，在环境中定殖、存活、传播扩散和发生遗传变异的能力、机制及其影响因素，对人畜的毒性、致病性和致敏性，对其他植物、动物和微生物等非目标生物的影响和潜在危险程度等。

② 基因操作的安全性评价。包括目的基因的来源、结构、功能和用途，载体的来源、特性和安全性，转基因方法，重组 DNA 的结构、复制特性和安全性，目的基因表达的稳定性等。

③ 遗传工程体及其产品的特点和安全性。与受体微生物比较，遗传工程体及其产品在主要生物学特性和安全性方面有何改变和特点，包括在环境中定殖、存活、传播扩散、遗传变异和遗传转移的能力，对人畜的毒性、致病性和致敏性，对植物、农田动物和其他微生物等非目标生物的影响和潜在危险程度，特别是环境中的本地近缘微生物和其他生物从转基因微生物中获得目的基因的可能性等。

④ 工作地点和方案

包括工作目的，工作地点，工作起止时间，应用植物种类和面积等。

⑤ 拟采取的安全控制措施

(2) 植物用转基因微生物环境安全性评价

首先，这些转基因的受体微生物通常都有系统的科学研究的基础以及在国内外农业生产上长时间安全使用的历史和经验。所转移的外源基因来自安全的生物，对其遗传背景和生物学功能相当清楚，而且基因操作方法往往还能进一步增加转移基因的安全性。其次，转基因微生物从研究开发到生产应用的各个环节都要进行安全性试验，通过所在单位和农业部门有关生物安全委员会的分阶段评审把关。最后，即使进入大规模生产应用之后，也还要继续进行长期的跟踪观察和监测。

通过这些程序，植物用转基因微生物环境应用的安全性应该是清楚的和可控制的。

① 安全性评价的主要目的。针对植物用转基因微生物及其产品在研究、开发、生产、使用、越境转运、废弃物处置等各个环节中的有关活动，从技术上分析其可能对人类健康和生态环境造成危害的潜在危险程度，确定其安全等级，为采取相应的安全管理措施、防范和控制有关活动的潜在危害提供科学依据。

② 对人类和动物健康的潜在危险。

a. 致病性：植物用转基因微生物对人的致病性主要是指其感染并致人发病的能力。包括毒性、致癌、致畸、致突变、致过敏性等。

b. 抗药性：一方面，转基因微生物可能直接与人接触；另一方面，转基因微生物及其质粒上携带的抗药性基因有可能通过水平基因转移使人体内的细菌（如大肠杆菌）获得该基因，从而使人类健康面临新的问题。

c. 食品安全性：植物是人类和畜禽的主要食物来源。考虑转基因微生物及其产品应用于植物之后，对植物作为食品、饲料和添加剂的安全性是否有影响。

③ 对生态环境的潜在危险

a. 致病性和毒性：转基因微生物的致病性需要结合受体微生物和基因操作两方面情况进行分析，在一定的阶段（如中间试验、产品登记）还应通过试验研究确定。

b. 生存竞争能力：植物用微生物的生存竞争能力包括存活力、繁殖力、持久生存力、定殖力、竞争力、适应性和抗逆能力等。一般地，这些能力越强，微生物的生存竞争力就越强，其对生态环境造成影响的可能性也就越大。

c. 传播扩散能力：指微生物通过土壤、空气、水、植物残体、昆虫或其他动物等进行近距离或远距离转移的能力。微生物传播扩散能力越强，其对环境影响的风险性越大。

在生态环境评价时一般要重视以下几点：确定主要影响对象和危险类型、划定可能受影响的地域范围、预测受影响的严重程度、考察拟采取监控措施的有效性。其中包括对未应用转基因微生物即生态环境未受影响之前，该地域内土著生物个体种群、群落、生态系统的自然状态，以及对土壤、空气、水体等有关信息资料的考察，工作地点的生态环境条件中对转基因微生物存活、繁殖、传播扩散的有利和不利因素的分析，是否存在可能从转基因微生物中接受转基因的生物，是否存在需要重点保护的生物。

（3）动物用转基因微生物环境安全性评价

① 对人类和动物健康的潜在危险。

a. 致病性：动物用转基因微生物对人、动物的致病性主要是指其感染并致人和动物发病的能力，包括毒性、致癌、致突变、致过敏性等。

b. 抗药性：动物用转基因微生物的抗药性基因可能导致人和动物对抗生素等药物产生抗药性，转基因微生物或质粒上携带的抗药性基因可能通过基因转移而使其他与人类和动物关系更密切的致病性微生物获得该基因。

c. 食品安全性：转基因微生物进入动物体后是否致癌、致突变，人类食用此种动物产品后是否对健康产生影响，转基因及其表达产物等是否残留在动物产品中，人类食用后是否对健康产生影响。

② 对生态环境的潜在危害。动物用转基因微生物应用于动物后，微生物可以经消化、呼吸等系统释放到环境中，从而对环境质量或生态系统造成不利影响，主要表现在致病性和毒性、生存竞争能力、传播扩散能力、遗传变异能力、遗传转移能力。

③ 动物用转基因微生物的安全性等级。动物用转基因微生物的安全性等级确定比较复杂，由受体微生物的安全性等级以及基因操作的安全性等级共同决定，共分为 4 个安全性等级：Ⅰ级为安全性无降低；Ⅱ级为安全性有一定程度的降低；Ⅲ级为安全性严重降低，但可

以通过适当的安全措施完全避免其潜在的危险；Ⅳ级为安全性严重降低，且无法通过安全控制措施完全避免其潜在的危险。我国已确定了一些转基因微生物的安全性等级，例如重组抗菌肽基因酵母菌已通过中间试验和环境释放安全性评价，在动物体内未检出残留，2004年7月获得农业部批准生产。痘苗病毒-狂犬病毒糖蛋白G重组体已在多个国家批准注册，我国评定的安全等级为Ⅱ级。转基因禽痘病毒已用于生产抗新城疫疫苗、H5亚型禽流感病毒疫苗、狂犬病毒疫苗，其安全等级为Ⅰ级。转P53基因腺病毒导入了肿瘤抑制基因P53，其产品名为"今又生"重组人P53腺病毒注射液，已获得国家药监局批准生产，其安全等级为Ⅱ级。转基因沙门氏菌主要用于生产重组病原生物抗原蛋白、抗肿瘤疫苗和口服生长抑制素疫苗，但动物试验中过量服用沙门氏菌可导致细胞结构受损并引起部分动物死亡。转基因志贺菌还未获准进入商业化生产，其主要副作用是引起炎症和发热反应。转基因单核细胞增生李斯特菌因其宿主范围较广，载体安全体系复杂，存在一定的安全问题，其应用可能受限。

④ 安全评价原则。以促进兽医基因工程技术在动物疫病预防和治疗等方面的发展和应用，同时保障人类健康和生态环境的平衡为基本原则，采取个案分析，从受体微生物的安全性、基因操作的安全性和转基因动物用微生物遗传工程体及其产品的安全性等三个方面和对动物、人类健康与生态环境的安全性三个角度进行评价。

从动物安全的角度，着重评价转基因动物用微生物遗传工程体及其产品对靶动物和非靶动物的安全性；从人类健康角度，着重评价对人类以及形成的食物链（食品）的影响；从生态环境角度，着重评价转基因动物用微生物遗传工程体及其产品对自然生态环境和畜牧业生态环境的影响。

涉及危害人类、动物健康和生态环境平衡的转基因动物用微生物遗传工程体及其产品，应对其安全性进行严格评价。从事转基因动物用微生物研究的机构或个人应逐级申报。国外公司在我国申请注册的转基因动物用微生物遗传工程体及其产品，应按阶段进行安全性评价。

2.3 转基因食品的安全性

现代生物技术在农业中的应用被认为是解决人口激增导致的粮食资源短缺的最佳处方。随着世界人口的急剧膨胀，粮食成为世界上最受关注的问题之一。人类通过农业现代化和绿色革命大幅增加了粮食产量，但与此同时产业的能源消耗量也随之增加，带来了大量污染。农业的现代化同时带来了作物品种的单一化。如果不采取可持续发展战略，那么在不久的未来，人口、粮食，环境问题将会更加突出。运用现代生物技术，大力发展转基因作物就是希望借助科学的力量实现可持续发展，也是应对世界粮食问题的方法之一。

尽管转基因作物是否存在潜在的影响这一点并没有得到全面的论证和客观的结论，我们需要面对的现实就是，转基因作物的品种和种植面积正在世界范围内大幅度增加，正在深深影响着世界贸易和农业发展，转基因食品也已经在不知不觉中进入了千家万户。

2.3.1　转基因食品的应用概况

发展中国家人口基数大，粮食产出有限，导致人均粮食占有量少，而人口数量的持续攀升将导致粮食问题的加剧，转基因技术的出现为解决这一难题提供了新思路。

放眼国内，目前我国已批准商业化种植的转基因植物有棉花、番茄、甜椒、番木瓜和白杨。其中，种植面积最大的是转 Bt 基因抗虫棉花，其次是抗病毒番木瓜。2008 年国务院批准设立了转基因重大专项，支持农业转基因技术研发，我国科研人员克隆了 100 多个重要基因，获得 1000 多项专利，取得了抗虫棉花、抗虫玉米、耐除草剂大豆等一批重大成果。2009 年，我国农业部依法批准发放了转植酸酶玉米"BVLA430101"、转基因抗虫水稻"华恢 1 号"及其杂交种"Bt 汕优 63"生产应用的安全证书，这是我国首次在粮食作物上颁发的该类证书。

从 1996 年转基因作物开始商业化种植，到 2015 年种植转基因作物的国家已经增加到 28 个，年种植面积接近 27 亿亩。转基因技术的推广显著促进了农业增产增效。我国批准种植的转基因作物只有棉花和番木瓜，2015 年转基因棉花推广种植 5000 万亩，番木瓜种植 15 万亩。

从转基因作物的品种来看，除了传统的四大作物（玉米、大豆、棉花和油菜），甜菜、南瓜、马铃薯、茄子、苜蓿、木瓜、苹果、甘蔗和菠萝等转基因蔬果也已商业化，转基因作物品种逐年增加。此外，各国正在积极开展水稻、小麦、木薯、甘薯、香蕉和鹰嘴豆等有重要经济和社会效益的转基因作物的研究。2017 年转基因作物种植面积排名前十名的国家及其主要转基因作物见表 2-1。

表 2-1　2017 年转基因作物种植面积排名前十名的国家及其主要转基因作物

排名	国家	转基因作物
1	美国	玉米、大豆、棉花、油菜、甜菜、木瓜、南瓜、马铃薯、苹果、苜蓿
2	巴西	大豆、玉米、棉花
3	阿根廷	大豆、玉米、棉花
4	加拿大	玉米、油菜、大豆、甜菜、马铃薯、苜蓿
5	印度	棉花
6	巴拉圭	大豆、玉米、棉花
7	巴基斯坦	棉花
8	中国	棉花、木瓜
9	南非	玉米、大豆、棉花
10	玻利维亚	棉花

2019 年，全球转基因作物种植总面积达 1.90 亿公顷，影响全球超过 19.5 亿人，栽培转基因作物的国家达到 29 个，比 1996 年增加了 23 个，转基因作物的普及正在快速提升。2019 年，世界转基因作物种植面积前 5 位国家的总面积共占 90.70%，其中美国占比最大，达到 37.55%，巴西以 27.73% 紧随其后。各国转基因作物种植面积的增加总体上呈先快后慢趋势。到 2019 年为止，转基因作物种植面积排在全球前五位的国家中，美国的大豆、玉米、棉花等转基因作物的平均应用率已经超过了 90%，阿根廷甚至接近 100%，巴西和印度则为 94%，加拿大约为 90%，均已接近饱和状态。

2021 年，为解决当前农业生产中面临的草地贪夜蛾和草害问题，我国对已获得生产应用安全证书的耐除草剂转基因大豆和抗虫耐除草剂转基因玉米开启种植示范试点，进展良好，2022 年，试点面积进一步扩大。2023 年 1 月，农业农村部发布最新一批转基因生物安全证书，新增 2 个转基因玉米品种和 1 个转基因大豆品种。至此，我国已发放 13 张转基因玉米生物安全证书和 4 张转基因大豆生物安全证书。

随着经济的发展和人们物质生活水平的提高，人们对食品的质量要求越来越高，包括营养、色泽、口感等许多方面。除了不断改善食品的加工工艺外，利用转基因植物生产更加适合开发的基本原料是当前食品产业的一个新的研究方向。科学家们按照人们的需求，已经对不同作物的蛋白质、碳水化合物、油脂、微量元素等营养物质含量进行了成功改良，且已获得许多有应用价值的转基因作物品系。具体如下。

（1）改善食用品质

豆类植物中蛋氨酸含量低，但赖氨酸含量高，而谷物中蛋白质的含量却刚好相反，如将谷物中的相关基因转入豆类植物，就可得到蛋氨酸含量高的大豆［图 2-2(a)］。我国学者把玉米种子中一种能表达富含必需氨基酸的玉米醇溶蛋白基因导入马铃薯中，结果使马铃薯块茎中的必需氨基酸含量提高了 10% 以上［图 2-2(b)］。美国科学家把一种高分子量的面筋蛋白基因导入普通小麦中，获得了含量更多的高分子量面筋蛋白质小麦。

美国 DuPont 公司通过反义抑制或/和共同抑制油酸酯脱氢酶，成功开发高油酸含量的大豆油，这种油具有良好的氧化稳定性，适于用作煎炸油和烹调油；Monsanto 公司开发了淀粉含量提高了 20%～30% 的转基因马铃薯，油炸后吸油少，风味更好，达到提高产量或改善风味等目的。

（2）果蔬保鲜

在食物的销售和运输过程中，食品的保质期是衡量食品新鲜度与质量的标准，转基因食品可以将季节、气候等的影响降至最低，通过基因改造技术，让人们一年四季都可以品尝到新鲜的蔬果。目前的蔬果保鲜技术局限于冷藏和气体保鲜，保鲜效果和保鲜时长都存在不足，易造成食物腐败和变质，对果农和消费者造成巨大的损失。在 20 世纪 90 年代初，科学家通过反义 RNA 技术封闭番茄细胞中两个酶编码基因的表达，由此构建出的番茄的保存期被明显延长。目前，类似的研究已经被应用于苹果、香蕉、芒果、甜瓜、桃子、梨等多种水果（图 2-3）。

(a) 转基因大豆、大豆油

(b) 转基因马铃薯

图 2-2　转基因大豆、大豆油和马铃薯

图 2-3　转基因水果保鲜延长

（3）"食品疫苗"的产生

目前，番茄、香蕉、马铃薯、莴苣等均已被用来生产食品疫苗。中国农业科学院生物技术研究所的研究人员将乙肝表面抗原基因导入马铃薯和番茄，喂养小鼠后进行实验检测，结果呈现较高的保护性抗体，其浓度足以对人类产生保护作用。利用转基因植物生产口服疫苗可以大大降低疫苗的生产成本，在发展中国家有更良好的发展前景（图 2-4）。科学家预言，将来儿童在预防接种时，只需要食用某种转基因食品，不用打针就能达到免疫目的。

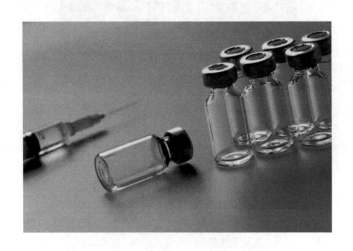

图 2-4　转基因食品疫苗

2.3.2　转基因食品的人类健康安全性评价

1993 年，OECD 专门召开了转基因食品安全性的会议，做了《现代生物技术食品安全性评价：概念与原则》的报告，提出了"实质等同性原则"。这个原则是指对转基因作物的农艺性状和食品中各主要营养成分、营养拮抗物质、毒性物质及过敏性物质等成分的种类和数量进行分析，并与相应的传统食品进行比较，若二者之间没有明显差异，则认为该转基因食品与传统食品在食用安全性方面具有实质等同性，不存在安全性问题。具体包括两个方面内容：（a）转基因植物的形态、外观、生长状况、产量、抗病性和育种等方面应与同品系对照植株无差异；（b）转基因植物应与同品系非转基因对照植物的主要营养成分、营养拮抗物质、毒性物质及过敏性物质等的种类和含量相同。

1995 年，WHO 正式将"实质等同性原则"应用于现代生物技术植物食品的安全性评价中，1996 年和 2000 年的 FAO/WHO 专家咨询会议、2000 年和 2001 年在日本召开的世界食品法典委员会（CAC）转基因食品政府间特别工作组会议也对"实质等同性原则"给予了肯定。至此，转基因食品安全评价的基本原则得到了世界公认。现阶段，针对转基因作物的食用安全性实验主要以实验动物作为研究目标且普遍存在实验周期短、繁殖代数有限等问题。

2.3.2.1 转基因食品的营养学评价

食品能提供人类生存所必需的能量和各类营养物质，因此，对营养成分的评价是转基因食品安全性评价的重要内容。不仅评价转基因食品的营养成分及其含量，还要求进一步评价各种营养素的生物利用率，新引入营养物质的组成、安全性及营养价值，转基因食品在不同人群膳食中的地位等。

转基因食品作为一种新型食品，在我国的法律及法规中将此类食品称为"新资源食品"，其食用安全性引起了各国政府的高度重视，目前世界各国对转基因食品进行安全性评价时，采用的原则主要有科学原则、危险性评估原则、预先防范原则、实质等同性原则、个案分析原则、逐步评估原则、风险效益平衡原则、熟悉性原则。

（1）营养成分评价

转基因食品营养学评价中的首要问题是外源基因的插入是否影响转基因食品的营养成分。此类食品与原始品种在营养成分抗营养因子和化学性质等方面是否有一致性是判断该类食品是否安全的第一步。对于改善营养品质的转基因食品，除了对主营养成分进行分析，还需对增加的营养成分做膳食暴露量和最大允许摄入量的实验和分析。

Padgette 等对抗草甘膦转基因大豆（40-3-2 大豆）进行了一系列分析测试，结果表明，原始大豆和 40-3-2 大豆中蛋白质含量分别为 41.5% 和 41.4%、糖为 33.0% 和 32.7%、脂肪为 20.11% 和 20.42%、水分为 6.12% 和 6.34%、纤维为 6.71% 和 6.63%、灰分为 5.36% 和 5.43%，这些结果表明其营养成分较原始大豆无明显差异；瑞士先正达公司开发出可作为维生素 A 合成的前体的富含 β-胡萝卜素的转基因大米，儿童长期食用这种新型转基因大米可以避免维生素 A 缺乏和失明，对此类转基因食品的营养学评价，应对目标性状 β-胡萝卜素进行单独的营养学评价，还需对除了目标性状 β-胡萝卜素以外的其他维生素及营养成分，采取实质等同性原则，与已有的数据进行比对。根据文献资料看，除了新引入的成分会有较大的变化外，与普通食品相比，转基因食品营养成分的变化较小。

（2）抗营养成分评价

食品中不仅含有大量的营养物质，也含有广泛的非营养性化学物质，当其超过一定量时则是有害的，通常称为抗营养因子，几乎所有的植物性食品中都含有抗营养因子，因此对转基因食品中的抗营养因子的含量进行分析是必要的。

目前已知的抗营养因子主要有蛋白酶抑制剂、植酸、凝集素、芥酸、棉酚、单宁等。目前研究表明，大多数抗营养因子的有害作用是由未加工的食物引起的，经过加热、浸泡和发芽等简单处理，其有害作用都会消失。Novar 等人认为转基因食品中天然有毒物质和抗营养因子的含量与相应的原始品种大致相似。

（3）转基因食品营养素的生物利用率

食品中营养素的生物利用率通常用来评价营养素的实际营养价值，它是指营养素被人体消化和吸收利用的部分。对转基因食品进行营养学评价的同时，对转基因食品营养素的生物利用率的评价也不容忽视。利用转基因技术是提高普通食品中特定营养素的含量并降低抗营养因子对营养素的限制，是改善食品品质的重要技术。如玉米中植酸含量高可限制微量元素铁、磷等的吸收利用，利用转基因技术降低食品中植酸的含量可提高这些微量元素的生物利用率；Mendoza 等人用低植酸的转基因玉米饲喂动物，结果发现铁的吸收率高出了 50%；Spencer 等人在 35 天内一直用低植酸转基因玉米饲喂猪，结果表明，通过转基因技术抑制玉米中植酸的表达可促进磷、铁元素的吸收，玉米中磷的生物利用率和表观消化率较普通玉米提高了 53% 且未出现非预期的不良生物学效应，并且不添加磷的低植酸转基因玉米饲料喂养的猪表现出更好的生物学性状。研究结果说明，转基因食品与对照食品相比，除了预期营养性状改变而致的生物利用率改变以外，其他方面基本是等同的。

2.3.2.2　转基因食品的毒理学评价

生物体在进化过程中常常会产生因突变而不再发挥作用的新陈代谢途径——沉默途径（silence pathway），其产物或中间物可能含有毒素，通常情况下，这类途径很少发生变异、染色体重组或被新调控区所激活。但是，从理论上讲，在转基因生物中，任何外源基因的插入都有可能导致遗传工程体产生不可预知或意外的变化，其中包括多向效应，如沉默途径因为新基因的插入有可能被激活，低水平的毒素可能在转基因生物中被高含量表达，甚至以前未产生的毒素也可能因此产生，引起急性或慢性中毒。因此，根据需要，在食品安全评价中一般需要进行外源蛋白的经口急性毒性试验、已知毒蛋白的氨基酸序列比对、全食品亚慢性毒理学试验等毒性安全评价。

2.3.2.3　转基因食品致敏性评价

转基因生物食用潜在致敏性是转基因生物食用安全性评价的焦点问题，据报道 3.5%～5% 的人群及 8% 的儿童对食物中某种成分有过敏反应。过敏反应主要是人们对食物中的某些物质特别是蛋白质产生病理性免疫反应，大多数是由免疫球蛋白 lgE 介导的。导致转基因食品产生致敏性的主要原因是转入基因表达的蛋白具有致敏性，以及转入基因的表达产生新的过敏原，基因重组引入的新基因会合成新的蛋白质，免疫系统就会相应地产生新免疫球蛋白，可能会导致一部分人发生过敏反应，并使过敏原范围变大。如果将控制过敏原合成的基因转入新的植物中则会对过敏人群造成不利的影响，轻者会出现皮疹、呕吐、腹泻，重者甚至会危及生命。2005 年，澳大利亚学者研究发现小白鼠在食用转基因豌豆后，肺部出现了过敏性炎症。FAO/WHO 在 2001 年提出了转基因产品致敏性评价程序和方法，主要评价方法包括血清筛选试验、基因来源与已知过敏原的序列相似性比较、模拟胃肠液消化试验和动物模型试验等，最后综合判断该外源蛋白的潜在致敏性的高低。这个程序和方法又叫"决定树"原则。

我们以转基因大豆为例，在转基因大豆的食用安全性评价方法中，用实质等同性原则对其进行评价。

（1）营养学评价

Hammond 等研究发现使用抗草甘膦转基因大豆饲喂的老鼠、鸡、鲇鱼、奶牛等，其生理及营养指标没有发生显著变化。相反，部分研究结果显示，在某些方面转基因大豆在营养学上的价值更低。例如，金红等研究显示，抗除草剂转基因大豆具有抗癌作用的异黄酮成分含量比非转基因大豆减少了 13% 左右。

（2）致敏性评价

转基因大豆中可能会发生外源基因的表达，导致产生引起动物或人体过敏的特异性蛋白。马启彬等认为抗草甘膦转基因大豆中的 CP4-EPSPS 蛋白无明显致敏性，且精炼大豆油可去除大多数 CP4-EPSPS 蛋白，通过降低其在大豆制品中的含量，可以降低致敏性，减少人体过敏反应。但对转基因食品的致敏性的研究还是远远不够的，一些报道指出，用转基因大豆制成的豆浆，儿童喝了会引起过敏。

（3）毒理学评价

朱元招等人使用抗草甘膦转基因豆粕喂养大鼠，与对照组相比大鼠的生长生理指标和组织器官病变指标无显著变化，相应的肌肉组织中没有检测出抗草甘膦转基因大豆的外源 DNA 残留。吴争等学者通过研究转基因大豆油对低营养模型小鼠免疫功能的影响发现，转基因大豆油对模型动物细胞的免疫系统未产生不利影响，但非转基因大豆油较转基因大豆油对免疫功能促进有更好的效果。但也有研究指出，转基因大豆对生物体也可产生毒害影响，Malatesta 使用抗草甘膦转基因大豆饲养大鼠 2 年，发现老鼠体内的衰老标记物表达量明显增多。

转基因植物的出现不是人为的创造，而是在自然界的长期进化过程中产生的，是否选择食用是个人的自由。而科学家的责任是将转基因食品的所有真相公之于众，让公众明白转基因技术可以造福人类，同时应该向公众普及转基因知识，科学公正对待转基因食品。

在发展转基因技术的同时，我们也要以科学慎重的态度对待转基因食品，这也是推动我国转基因技术发展的前提。随着社会发展的水平不断提高，大众对转基因技术的认识也会随之提高，对此政府及相关部门需要做好宣传工作，让公众能了解转基因技术和转基因食品的真实面目，只有消除公众对转基因食品的恐慌，才能有望推动转基因技术的发展。

2.4 转基因植物的安全性

2.4.1 转基因植物的发展概况

2.4.1.1 转基因植物的历史

转基因植物技术的起源可以追溯到 20 世纪 80 年代初，当时比利时科学家 Marc Van

Montagu 和 Jeff Schell 发现了第一个植物基因工程的载体——农杆菌（*Agrobacterium*）。农杆菌是一种土壤细菌，能将其自身的 DNA 片段转移到植物细胞中，导致植物发生异常生长，形成肿瘤。研究人员发现，这一特性可以用于将外源基因导入植物细胞，从而创造具有特定性状的转基因植物。

1983 年，Marc Van Montagu 和 Jeff Schell 成功将农杆菌介导的外源基因转入烟草（烟草是常用的植物模型），标志着世界上第一例转基因植物的成功制造。此后，转基因技术迅速发展，一系列重要里程碑事件相继出现，推动了转基因植物技术的进步和应用。

1996 年，美国密歇根州立大学的科学家们研发出世界上第一种商业化转基因植物——转 Bt 基因玉米。转 Bt 基因玉米表达了一种源自土壤细菌的 Bt 毒素使其对玉米螟等害虫产生抗性，降低农药使用，保护农作物免受害虫侵害。这一突破不仅解决了农作物常见害虫的防控问题，还有助于减少农药对环境的影响。同年，美国孟山都公司推出了第一种抗除草剂转基因作物——转基因大豆。该作物对除草剂草甘膦具有耐受性，农民可以更便捷地除去杂草，提高了农业生产效率。这一技术的应用显著简化了农业操作，为农民节约了时间和成本。

2000 年，由中国科学家袁隆平领导的研究团队研发出世界上第一种转基因水稻——黄金水稻。这种水稻富含维生素 A，有助于预防维生素 A 缺乏症，缓解全球许多地区的营养不良问题。黄金水稻的成功研发被认为是转基因技术在解决全球营养不良问题上的重要突破，也为转基因植物在粮食安全方面的应用提供了新的思路。

随着转基因技术的不断发展和完善，转基因农作物的种类不断增加，应用范围逐渐扩展。转基因玉米、转基因大豆、转基因棉花等商业化品种已经在全球范围内推广种植，为解决全球农业和粮食安全问题作出了积极贡献。转基因植物技术的成功应用，使得农作物抗病虫、耐逆性能得到了显著提升，同时也促进了农业生产的可持续发展。

2.4.1.2　主要转基因植物品种及其特点

转基因植物技术的广泛应用使得许多植物品种被成功转基因化，其中一些已经商业化并在全球范围内广泛种植。以下是主要已商业化的转基因植物品种以及它们的改良特点和应用范围。

（1）转基因玉米（转 Bt 基因玉米）

① 改良特点。转 Bt 基因玉米是一种表达了来自土壤细菌 *Bacillus thuringiensis*（Bt）的杀虫蛋白的转基因品种。该杀虫蛋白在植物体内形成晶体，对玉米螟等鳞翅目害虫具有高度抗性。

② 应用范围。转 Bt 基因玉米被广泛用于防治玉米螟等害虫，减少农药使用，提高产量和农民收入。该品种在全球范围内种植，尤其在美国、巴西、阿根廷等大型玉米生产国得到广泛应用。

（2）转基因大豆（Roundup Ready 大豆）

① 改良特点。Roundup Ready 大豆是由孟山都公司开发的转基因大豆品种。该品种具

有耐草甘膦的能力，使得农民可以广泛使用非选择性除草剂 Roundup 来控制杂草，而不对大豆作物产生影响。

② 应用范围。Roundup Ready 大豆在美国和其他许多国家广泛种植，成为主要的大豆品种之一。该品种简化了农民的耕作和除草过程，提高了生产效率。

（3）转基因棉花（转 Bt 基因棉花）

① 改良特点。转 Bt 基因棉花表达了 *B.thuringiensis* 的杀虫蛋白，对棉铃虫等害虫具有高度抗性。转基因棉花减少了对杀虫剂的需求，降低了棉花种植的生产成本。

② 应用范围。转 Bt 基因棉花在全球范围内广泛种植，尤其在中国、印度和美国等主要棉花生产国得到广泛应用。这种品种有助于提高棉花产量，并减轻农民的经济负担。

除了上述品种，还有许多其他转基因植物品种正处于研发和商业化阶段，涉及水稻、小麦、马铃薯等主要作物，以及其他特殊用途的植物。例如，转基因水稻可以富含重要的营养素，转基因小麦可以提高抗病虫性和耐逆性，转基因马铃薯可以减少对化学农药的依赖等。这些转基因植物品种的研发和应用有望进一步改善全球农业生产的效率和农作物的品质。

2.4.1.3 转基因植物技术的创新与发展

转基因植物技术是现代生物技术的重要分支，在过去几十年取得了巨大的发展，为农业生产带来了显著的成就。然而，这项技术仍在不断创新与发展中，不断为人类的生产生活带来新的可能性。转基因技术流程如图 2-5 所示。

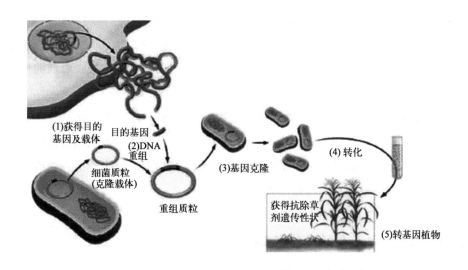

图 2-5　转基因技术流程

（1）当前转基因植物技术的前沿研究与创新

基因编辑技术是目前转基因植物领域的前沿研究方向之一。其中，CRISPR/Cas9 是最为广泛应用的基因编辑工具。通过 CRISPR/Cas9 等技术，科学家们能够精确地修改植物基因组中的目标基因，实现特定性状的改良。这种技术具有高效、快速和精准的特点，为植物育种带来了新的可能性。通过基因编辑技术，可以提高作物的产量、改善品质以及增加对病虫害的抵抗力，从而为农业生产提供更多的选择和更好的解决方案。

随着气候变化和全球环境的不断变化，植物面临着更加复杂的逆境胁迫，如干旱、盐碱、高温等。为了应对这些挑战，研究人员正努力通过转基因技术增强植物的抗逆性。通过转入逆境抗性相关基因，或者通过基因编辑技术修改植物基因组中的相关基因，使其在恶劣环境下获得更好的生长和产量，这将对解决粮食安全和环境保护等重大问题具有重要意义。

营养问题一直是全球关注的焦点之一。转基因技术被用于增加植物中特定营养物质的含量，例如维生素、矿物质和抗氧化剂等。这些转基因植物能够提供更丰富的营养成分，有望解决人类在营养方面的健康问题。例如，通过转基因技术可以提高谷物作物中的蛋白质含量，或者增加蔬菜水果中的维生素含量，从而改善人们的饮食结构，预防营养缺乏症。

（2）未来转基因植物技术发展的趋势和可能的应用领域

① 精准农业的推动。随着信息技术的飞速发展，转基因植物技术将与精准农业相结合，实现农业生产的精确管理和定制化种植。通过对转基因植物特定性状的利用，可以根据土壤条件、气候环境和市场需求制订种植方案，从而提高农业生产效率和资源利用效率。同时，精准农业还可以帮助减少农药和化肥的使用，减少环境污染，推动农业的可持续发展。

② 环境友好型转基因植物。未来的转基因植物技术将更加注重环境友好型品种的研发。这包括开发对农药和化肥需求较低的转基因植物品种，以减少农业对环境的负面影响，保护生态平衡。同时，研究人员还将关注开发抗病虫害的转基因植物，以减少农药的使用量，降低农业生产对生态环境的压力。

③ 生物工厂的应用。转基因植物被视为生物工厂，可以用于生产药物、化学品和材料等高价值产品。未来，转基因植物技术在生物制药和生物能源生产等领域将扮演越来越重要的角色。通过将生物合成途径的关键基因转入植物中，植物就能够生产出人类需要的蛋白质和化合物，从而实现绿色生产和可持续发展。

2.4.2　转基因植物潜在的环境风险

2.4.2.1　基因流失与杂交风险评估

转基因植物技术作为一项重要的生物技术，可以通过引入外源基因改变植物的遗传特性，为农业生产和人类生活带来巨大的变革。然而，转基因植物与野生近缘种之间可能发生杂交，引发一系列潜在的环境风险。

（1）转基因植物与野生近缘种杂交的可能性及风险

转基因植物与野生近缘种之间的杂交是有可能发生的。在自然界中，植物的花粉可以通过风、昆虫或其他传粉媒介传播到相近的植物，从而与野生种进行杂交。特别是对于野生近缘种与栽培植物之间的杂交，由于近缘种与栽培植物之间的遗传相似性较高，杂交的可能性较大。

转基因植物与野生近缘种之间的杂交可能带来一系列风险，包括但不限于以下几个方面。

基因污染：转基因植物的基因型流入野生种群中，可能导致野生种的基因污染，破坏其纯度和遗传多样性。这可能影响野生种的适应性和生存能力，对自然生态系统造成潜在影响。

削弱野生种特性：转基因植物的基因型引入野生种中，可能改变野生种的形态、生理和生态特性，使其逐渐丧失天然优势。这可能导致野生种在野外竞争中处于劣势地位，甚至面临濒危的风险。

新的生态相互作用：转基因植物与野生近缘种的杂交可能导致新的生态相互作用。这可能对与其他生物的关系产生影响，改变食物链、物种间相互依赖关系等，进而影响整个生态系统的稳定性。

（2）基因在自然环境中的传播途径与可能影响

① 传播途径。基因在自然环境中主要通过以下几种途径进行传播。

a. 花粉传播：转基因植物的花粉可以通过风或昆虫等传播到远处，从而与其他植物进行杂交。这是基因在植物界传播的主要方式之一。

b. 种子传播：转基因植物的种子可以通过动物、风或水等传播到不同地区，引发基因的传播。种子是植物繁殖的重要媒介，也是基因传播的主要途径之一。

c. 茎、叶传播：某些转基因植物的茎、叶部分可能带有基因，在植物碰撞或接触的情况下，基因可能会通过这种途径传播。

② 可能影响。基因在自然环境中的传播可能引起以下影响。

a. 基因扩散：转基因基因型可能在自然种群中迅速扩散，改变野生种群的基因组成。这可能导致野生种的遗传多样性减少，从而削弱其生存能力和适应性。

b. 基因稳定性：在不同自然环境中，转基因基因型可能经历基因重组、变异等现象，导致基因组稳定性下降。这可能使得转基因植物的特定性状在野外表现不稳定。

c. 遗传削弱：转基因基因型可能与野生种进行杂交，导致野生种的遗传多样性减少，从而削弱其生存能力和抗逆性。

对于转基因植物技术的研究和应用，我们需要在深入了解转基因植物与自然环境的相互作用机制的基础上，制定科学合理的管理策略，从而最大限度地减少潜在的环境风险，保护自然生态系统的平衡与稳定。

2.4.2.2 转基因植物对非目标生物的潜在影响

转基因植物技术作为一种重要的生物技术，通过导入外源基因改变植物的遗传特性，旨在提高农作物的产量和抗性等。然而，这种基因改变也可能对非目标生物产生潜在的影响，引发对生态系统的关注。

（1）转基因植物与非目标生物的互动关系

① 对有害生物的影响。转基因植物常常具有抗虫性或耐药性等特点，以减少农业害虫对作物的损害。

② 对有益生物的影响。转基因植物对有益生物产生的影响也需要引起关注。例如，转基因植物的抗虫性可能影响对害虫进行天敌控制的昆虫。有益生物在农业生态系统中具有重要作用，如控制害虫数量和促进花粉传播，因此对它们的影响可能对整个生态系统产生连锁反应。

③ 对微生物的影响。转基因植物释放抗菌蛋白等物质，可能对土壤中的微生物群落产生影响。微生物在土壤生态系统中发挥着关键作用，参与有机质分解和养分循环等重要过程。转基因植物对土壤微生物的影响可能对土壤质量和生态系统的稳定性产生影响。

（2）转基因植物对生态系统的潜在影响及其生态风险

① 生态系统稳定性。转基因植物对非目标生物的影响可能导致生态系统的稳定性下降。生态系统的稳定性对于维持物种多样性和生态功能至关重要。如果转基因植物引发生态系统中某一种或多种非目标生物数量减少或消失，可能破坏生态系统的平衡，影响其健康运行。

② 物种多样性。转基因植物对非目标生物的影响可能导致一些物种数量减少或消失，从而影响物种多样性。物种多样性是维持生态系统健康的基础，对于维持生态平衡和生态功能具有重要意义。转基因植物对物种多样性的潜在影响需要进行全面评估。

③ 生态链结构。转基因植物可能对生态链的结构产生影响，例如对食物链中的各个环节生物产生直接或间接影响。生态链的破坏可能导致生态系统的功能退化，影响能量和物质的流动，从而对整个生态系统产生深远影响。

2.4.2.3 转基因植物耐药性与抗虫性问题

转基因植物的抗虫性是指通过基因工程技术向植物导入具有抗虫特性的基因，使其能够抵抗害虫的侵害。这一技术在农业生产中得到广泛应用，显著提高了作物产量和品质，降低了农药使用量。然而，随着时间的推移，一些害虫可能会逐渐产生对转基因植物的抗性，导致抗虫基因失去效果，这就是转基因植物抗虫蛋白的耐药性风险。

（1）转基因植物抗虫蛋白的耐药性风险

① 抗虫蛋白耐药性的形成机制。转基因植物中常用的抗虫蛋白（包括 Bt 蛋白等），具有高度的杀虫活性。然而，长期的单一抗虫蛋白的使用可能导致一部分害虫在遗传水平上产生耐药性。这是因为害虫的繁殖速度较快，当某些个体具备对抗虫蛋白的抗性基因时，它们会在抗虫蛋白作用下存活并繁衍后代，导致抗性基因在害虫群体中逐渐增加。转基因植物抗虫蛋白的耐药性形成过程如图 2-6 所示。

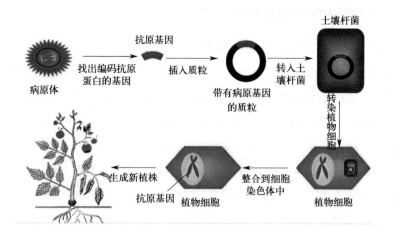

图 2-6　转基因植物抗虫蛋白的耐药性形成过程

② 耐药性风险的增加。长期以来,抗虫蛋白作为一种高效的农业防治手段得到广泛应用。然而,由于大规模种植相同转基因植物,使得害虫长期接触到相同抗虫蛋白,这加速了害虫耐药性的形成。一旦某种害虫产生耐药性,其对转基因植物的损害能力将大大增加,可能导致作物产量下降,甚至作物死亡,从而影响农业生产和粮食安全。

③ 应对耐药性的策略。为了减轻转基因植物抗虫蛋白耐药性风险,农业科学家和政府监管机构采取了一系列策略。

a. 轮作与间作。通过改变作物种植方式,避免长期种植同一转基因植物,减少害虫长期接触同一抗虫蛋白的机会,从而延缓耐药性的形成。

b. 混种与杂交。将转基因植物与非转基因植物混种或进行杂交,产生不同抗虫蛋白的组合,增加害虫对抗虫蛋白的耐受难度。

c. 推广多基因转基因植物。将多个抗虫蛋白基因导入转基因植物中,提高抗虫蛋白的多样性,降低害虫产生耐药性的可能性。

(2) 转基因植物抗虫性可能对农业生态系统的影响

① 生态平衡被打破。转基因植物抗虫蛋白的广泛应用可能导致特定害虫种群减少,从而破坏生态系统的平衡。某些害虫可能是其他生物的食物来源,它们的减少可能会对其他生物的生存与繁殖产生影响,进而影响整个食物链。

② 生态多样性下降。单一抗虫蛋白转基因植物的大面积种植可能导致农田生态系统的单一化。这种单一化会减少自然界的植物多样性,降低生态系统的稳定性。

③ 土壤和水体受污染风险。转基因植物的抗虫蛋白可能在植物体内残留,随着植物残体进入土壤,对土壤中的微生物和土壤生态产生影响。此外,由于一些抗虫蛋白具有较高的稳定性,它们可能通过水体流入周围环境,对水生生物产生潜在的影响。

2.4.3 转基因植物的环境安全性评价

2.4.3.1 现行环境安全性评价体系与指南

转基因植物的环境安全性评价是确保其在引入和种植过程中对生态系统和非目标生物不造成不可逆转的损害的重要步骤。全球范围内许多国家和地区已制定了转基因植物环境安全性评价的指南或标准，旨在确保转基因植物的合理应用和环境风险的最小化。

（1）当前用于转基因植物环境安全性评价的指南或标准

中国是全球转基因作物种植面积最大的国家之一。中国《生物安全法》规定了转基因生物的环境安全性评价要求，并由农业农村部负责转基因植物的审批和管理。中国在环境安全性评价方面也在逐步完善体系，加强对转基因植物的风险评估。

（2）现行评价体系的优缺点

① 优点。

科学基础：现行评价体系基于丰富的科学研究和实验数据，采用系统性的风险评估方法，可以较为全面地评估转基因植物对环境的潜在影响。这有助于科学地了解转基因植物可能带来的环境风险。

多层次评估：现行评价体系通常采用多层次的评估策略，包括实验室研究、温室试验、田间试验和环境风险模拟等。这确保了评估结果的准确性和可靠性，尽量减少可能的偏差和误判。

② 缺点。

a. 依赖性与局限性：现行评价体系主要依赖于转基因植物生产企业提供的数据，可能存在信息不对称的问题。此外，由于转基因植物是新兴技术，一些潜在风险可能尚未被完全揭示。

b. 短期视角：目前的评价体系主要关注短期效应，对于转基因植物可能产生的长期影响和累积效应尚未完全了解。因此，需要加强对转基因植物引入后的长期影响进行长期监测和评估。

c. 环境复杂性：生态系统是复杂的互动网络，涉及众多生物种类和环境因素，因此评价体系可能无法完全预测转基因植物引入后的生态影响。在评估中需要考虑到生态系统的复杂性和不确定性。

2.4.3.2 环境风险评估方法与实践

环境风险评估是确保转基因植物引入环境时对生态系统和非目标生物没有不可逆转的负面影响的关键过程。在转基因植物的环境安全性评价中，环境风险评估是一个复杂且关键的环节，需要采用多种方法和实验设计来全面评估转基因植物的潜在风险。

（1）常用的环境风险评估方法和实验设计

① 实验室研究：在环境风险评估的初期，通常进行实验室研究，以评估转基因植物的

基本生物学特性。这些研究可能包括基因表达水平、蛋白质组学分析、生长和发育特性等。实验室研究有助于确定哪些生物学特性需要更深入的研究。

② 温室试验：在实验室研究的基础上，可以进行温室试验，模拟转基因植物在受控环境中的生长和生态特性。这些试验可以帮助评估转基因植物的生态适应性和潜在的生态风险。

③ 田间试验：温室试验的结果可能不完全反映转基因植物在自然环境中的表现。因此，田间试验是更接近真实情况的评估方法。在田间试验中，转基因植物和野生型植物被种植在田地中，通过观察和监测植物的生长、繁殖和相互作用来评估其对环境的潜在影响。

④ 风险模拟：风险模拟是一种定量评估方法，它使用数学模型来模拟转基因植物的基因流失和传播潜力。这些模型可以考虑转基因植物与野生型植物的杂交概率、基因流失的速率以及基因在不同环境中的传播途径。

（2）环境风险评估结果的可靠性与科学性

① 数据可靠性：环境风险评估的可靠性取决于所使用的数据质量和准确性。因此，数据收集和分析的严谨性至关重要。可靠的数据有助于得出科学和可信的评估结论。

② 模型选择与应用：使用风险模拟时，选择合适的模型非常重要。模型应基于充分的科学知识和实验数据，而且在应用模型时应考虑不确定性。

③ 多方法综合：环境风险评估的可靠性可以通过使用多种方法综合分析来提高。不同方法的综合可以弥补单一方法的局限性，增强评估的全面性和可信度。

2.4.3.3 生态监测与风险管理策略

转基因植物的广泛应用引发了人们对其环境风险的关注。为了确保转基因植物的安全性和可持续性，生态监测和风险管理成为至关重要的环节。本节将强调转基因植物生态监测的重要性，并提出转基因植物环境风险的管理与防范策略。

（1）转基因植物生态监测的重要性

生态监测是对环境中生物和生态系统的观测和数据收集过程。对转基因植物进行全面的生态监测是评估其环境风险的关键步骤。以下是生态监测的重要性。

① 早期发现潜在问题。生态监测可以及早发现转基因植物引入的不良影响，帮助及时采取纠正措施，减少潜在的环境风险。

② 监控基因流失和杂交。通过监测转基因植物与野生近缘种之间的基因流失和杂交，可以了解转基因基因组在野外环境中的稳定性和传播情况。

③ 评估对非目标生物的影响。生态监测可以帮助评估转基因植物对非目标生物的潜在影响，包括昆虫、鸟类等。

④ 追踪生态系统变化。通过长期的生态监测可以及时追踪生态系统的变化，并评估转基因植物对生态系统稳定性的影响。

（2）转基因植物环境风险的管理与防范策略

① 引入风险评估前置。在引入新的转基因植物品种前，必须进行全面的环境风险评估。

评估过程应包括基因稳定性、潜在的基因流失与杂交风险、对非目标生物的潜在影响等方面。

② 生态监测网络建设。建立全面的转基因植物生态监测网络，包括试验田、自然保护区、农田等不同生境。这样的监测网络可以帮助及早发现环境问题并进行科学研究。

③ 定期监测和数据共享。定期监测转基因植物对生态系统的影响，并将监测数据进行共享，使科学家、政府机构和公众都能了解转基因植物在环境中的表现和潜在风险。

④ 制订应急计划。针对可能出现的意外情况，制订详细的应急计划和紧急处置措施。这些计划应该在转基因植物引入之前就制订好，并由相关部门定期演练。

⑤ 环境风险监管与追责机制。建立健全的监管体系，明确监管部门的职责与权限，并对可能出现的环境风险追责机制进行规定。

⑥ 公众参与和科普。积极促进公众对转基因植物环境风险的了解，鼓励公众参与生态监测，提高公众的科学素养和环境保护意识。

思考题

1. 试述基因工程的定义与特征。

2. 试述基因工程的主要研究内容。

3. 基因工程在食品工业上有何应用发展？

4. 转基因是一把双刃剑，请客观谈谈对转基因及转基因食品安全性的认识。

5. 如何从复杂的环境样品中准确检测出转基因微生物？转基因微生物的检测方法有哪些？

6. 转基因微生物对人类和动物健康有哪些潜在危险？

7. 简述转基因食品特征。

8. 简述转基因食品的主要优势。

9. 请围绕农业是否需要转基因技术发表你的观点，并进行论述。

10. 请从消费者的角度出发讲述消费者对转基因食品安全管理的期望。

11. 简述转基因食品安全性评价和风险评估的具体内容。

12. 转基因植物技术的起源可以追溯到哪个时期？请提供至少两位关键科学家的名字，并描述他们的贡献。

13. 请简要介绍转基因玉米和转基因大豆的改良特点及应用范围，以及它们对农业生产的影响。

14. 转基因植物与野生近缘种之间的杂交可能带来哪些潜在的环境风险？列举并解释其中的几个方面。

15. 解释转基因植物抗虫蛋白的耐药性风险是如何形成的，提出至少两种应对耐药性的策略。

16. 转基因植物的环境风险评估是什么？请列举至少三个国际或地区性的转基因植物环境安全性评价指南或标准，并简要描述其中一个的要点。

17. 请解释转基因植物环境风险评估中现行评价体系的优点和缺点，并列举其中一个缺点的具体例子。

3

生物入侵及其对环境的危害

　　随着世界各国贸易交流的日益密切，全球经济一体化的迅速发展，以及我国对外开放的不断扩大，生物入侵已经成为与国家的经济发展、生态安全、粮食保障、社会稳定及政治利益密切关联的重要科学领域。

　　据不完全统计，近几百年来入侵我国的害虫、杂草和病原微生物等有害生物有 500 余种。入侵生物种类迅速增加及种群扩张，严重威胁本地生物多样性、生态安全及生态系统功能，引起了农业景观的显著变化和功能退化，并逐步演化成为制约生态环境和社会经济发展的重要因素，给我国的农业、林业和生态环境等方面造成了不可估量的损失。特别是改革开放以来，进一步加大了有害物种从国外传入我国的风险，生物入侵的问题早已引起了我国政府和科学界的重视。

　　由于外来生物入侵具有突发性、潜伏性和不可预见性等特点，深入开展对它们的研究和及时、科学地应对外来生物入侵事件，有效地监测、控制外来生物入侵事件的发生，避免或减轻其危害，是保障我国农林业生产安全、生态环境安全，以及整个生物安全的必要举措，也是促进我国经济、社会发展，保证人民群众健康幸福、和谐稳定及国家安全的重要基础。

3.1　生物入侵概述

3.1.1　生物入侵与入侵物种的基本概念

　　生物入侵（biological invasion）是指有害生物通过主动或被动的方式由原来的地域传入新的地域，在新传入地定殖下来，迅速生长繁殖形成旺盛的种群从而抑制当地其他某些生物的生长繁殖，造成这些当地物种灭绝或引起严重损失进而破坏生态的现象。

生物入侵是一个古老的过程，是伴随着人类活动产生的，很多古老的生物入侵事件在当时并没有得到关注。随着人类历史文明的发展，很多人在迁移过程中不可避免地携带很多动植物，为农业生产、畜牧家禽及休闲娱乐服务。例如自我国秦朝开始，就有周边国家携带动植物进入我国的记载，但由于当时人类对大自然的认识有限，还没有完全认识到物种分布区域的改变会引起生物入侵。

入侵物种（invasive species）是指通过人类有意无意的活动引入的一个非本地的物种，在当地的生态系统中形成自我维持和再生能力，并对其生态系统造成明显的损害或影响。入侵种是入侵物种的简称。例如全球十大恶性入侵杂草之一的水葫芦（图 3-1）和空心莲子草（图 3-2）等。

图 3-1　水葫芦

图 3-2　空心莲子草

土著种（native species）也称为本地种，是指其过去或现在都生活在自然分布范围及扩散潜力以内的物种。土著种是土著物种的简称。

外来种（exotic species）是指伴随着人们的经济活动和国际交往，一些物种由原生存地借助于人为作用或其他途径移居到另一个新的生存环境，并在新的栖息地建立稳定种群，这些物种被称为外来种。外来种是外来物种的简称。外来物种是与生物入侵密切联系的一个概念。任何生物物种总是先形成于某一特定地方，随后通过迁移或引入，逐渐适应迁移地或引入地的自然生存环境并逐渐扩大其生存范围，这一过程称为外来物种的引进，简称为引种。所引进的物种称为引进种（introduced species）。生态系统是经过长期进化形成的，系统中的物种经过成百上千年的竞争、排斥、适应和互利互助，才形成了当今相互依赖又互相制约的密切关系。一个外来物种引入后，有可能因不能适应新环境而被排斥在系统之外；也有可能因新的环境中没有相抗衡或制约它的生物，从而可能成为真正的入侵者，打破生态平衡，改变或破坏当地的生态环境。

入侵种容易与外来种混淆，实际上入侵种是外来种的子集。入侵种非常强调人为携带，通过自然传播则一般认为不是严格意义上的入侵种。但是由于入侵种一般是相对于一个国家或者地区而言的，因此有明确的行政区划特征，而物种本身的分布往往是动态变化的，其空间分布在不断地收缩或者扩张，这使得入侵种有时候难以界定。外来入侵生物与外来有害生物也是入侵种的另外两个较为普遍的名称。

3.1.2　入侵生物学及其研究内容

入侵生物学（bioinvasion science）是研究入侵物种发生发展规律及其监测防控技术的科学。其主要研究内容包括：入侵物种的生物学和生态学特性及入侵机制；生物入侵的风险评估与管理；入侵物种的分类鉴定与疫情监测预警；入侵物种的应急铲除与综合防控。

入侵生物学是生物学的一个新的分支，是一门应用基础学科。该学科涉及动物、植物和微生物，所以它与昆虫学、植物学、微生物学、分子生物学和生态学等各基础生物学科密切相关。医学、农学、环境保护学、植物保护学、林木保护学和检疫检验学等也是入侵生物学的基础学科。

相对于其他很多古老的学科而言，入侵生物学是近一二十年来才发展形成的一个新兴学科，其学科体系和学科内涵还不是太成熟，因此需要作更加深入系统的探索和研究，取得更多的研究成果，建立生物入侵的相关理论和技术体系，使得该学科得到进一步充实和完善。

3.1.3 生物入侵的基本过程

当今，生物入侵对人类社会的影响引起广泛关注，生物入侵由最初的小规模局部的现象逐步成为全球化的普遍趋势，全球入侵种多达几万种，遍及全世界，甚至在南北极都出现了入侵种的分布。人们对生物入侵的研究逐步进入理性认识阶段，对外来种的作用和功能进入了全面评估阶段，对生物入侵的危害、影响及生态效应有了非常全面的认识，从而逐步减小了生物入侵的负面效应。

外来种成功入侵一般分为 5 个重要的过程：传入（运输）、定殖、潜伏、扩散、暴发。这 5 个生态学阶段是连续的，每个阶段以上一个阶段为基础，并为下一个阶段积累种群。入侵种通过各种不同的途径被引入新的生态系统，经过一系列复杂的生态过程（快速适应、种间互作、进化）从而转变成重要的入侵者。

3.1.3.1 传入

外来种的传入过程非常复杂，这与复杂的交通运输网、国际贸易及国际旅客密切相关。传入是物种从一个区域到另外一个区域的过程。传入包括主动和被动两种方式，主动体现在生物的自由扩散过程，被动主要是由人类活动引起的分布范围改变。

传入过程主要分为两大类：第一类，外来种随货物或载体传入，物流网与交通网的迅速发展形成了全球一体化，入侵种作为贸易污染物的可能性大幅上升，这与口岸检疫物种截获量的飞速上升呈显著的正相关关系。另外，多种入侵种已经被证实能够随着交通工具进行"偷渡"，轮船压舱水、船舱、机舱及火车车厢都是入侵种藏匿的场所，都为入侵种的引入提供了便捷的通道。第二类，外来种随旅客传入，旅客的数量剧增也同样增加了入侵种引入的可能性，旅客容易携带水果、植物及宠物等，不少入侵种同样能够隐藏在这些包裹中，顺利跨境到达新的国家或者生态系统。大量研究发现，旅客数量与入侵种的数量呈正相关关系，并且旅客携带物也是入侵种的载体。另外，跨境电商、网络平台、电子商务也都为入侵种提供了极为隐蔽的通道，创造了入侵种的引入机会。

3.1.3.2 定殖

定殖是入侵过程的第二阶段，也是生物入侵极为关键的一步。大量的外来种到达新的生态环境后，都不能很好地适应新的环境，从而形成了种群的灭绝，或者种群经过一定时间后灭绝。定殖也称为归化过程，是指外来种在新的生态系统中形成了自我维持并产生可育后代的种群。

3.1.3.3 潜伏

潜伏是种群定殖后的一个相对稳定的时期，外来种入侵新的生态系统之后，通常需要一个时期与群落和环境进行适应。入侵种的潜伏期变异很大，有的仅仅需要几个世代的时间，有的长达数百年。例如，红火蚁（*Solenopsis invicta*）和橘小实蝇（*Bactrocera dorsalis*）

的全球入侵，只需要几个世代的时间就形成种群的暴增和空间扩散，而牛津千里光（*Senecio squalidus*）的潜伏期长达 200 年。

3.1.3.4 扩散

入侵种的扩散能力、扩散速度及潜在地理分布是为防止入侵生物进一步危害而采取措施进行防治的基础。入侵种的种群扩散是定殖后的步骤，也是种群暴发的前奏，更是生物入侵预警的重要组成部分。扩散主要分为主动性扩散和被动性扩散，主动性扩散常见于动物和昆虫，能够通过自身的特性进行种群迁移，向周围的生态系统进行扩散。被动性扩散常见于植物和微生物，这些入侵种经常被作为产品进行商业交易，运载工具是这些入侵种扩散的主要途径。很多入侵种是主动性扩散和被动性扩散的结合，如褐飞虱（*Nilaparvata lugens*）在自身的飞行能力及气流的作用下能够迅速传播扩散，在一两天内就可扩散到数千千米以外的区域。

很多入侵种的扩散速度能够定量化，用于研究入侵种的入侵力。紫茎泽兰（*Ageratina adenophora*）（图 3-3）在我国云南的扩散速度为 6～23km/年，20 世纪 80 年代是紫茎泽兰种群扩散最快的时期。紫茎泽兰扩散速度在各个方向上不同步，有些地区扩散速度快，有些地区扩散速度慢。扩散是导致空间异质性分布的重要原因，当然扩散与环境资源的空间分布有关，也与环境中的群落组成有关。入侵种的扩散主要是环境与群落的共同作用，入侵种本身的扩散力是一种内在属性，能够通过周围的环境或其他物种起作用。进行入侵防线的设置是拦截入侵种的重要手段，如在新疆对马铃薯叶甲（*Leptinotarsa decemlineata*）（图 3-4）种群的防控，就是采用入侵防线战略，建立两道马铃薯叶甲的防线，将入侵种锁定在特定的区域内。

图 3-3　紫茎泽兰

图 3-4　马铃薯叶甲

3.1.3.5　暴发

　　入侵种的种群暴发是最后阶段，这个阶段也称为成灾过程。入侵种种群暴发对新生态系统的负面影响主要体现在四个方面：第一，入侵种大量繁殖，改变环境条件，造成群落演替，导致生态系统功能退化甚至丧失。例如，气候变暖，木本植物侵入草地，造成草地群落结构改变，甚至生态功能丧失。加拿大一枝黄花（*Solidago canadensis*）（图 3-5）疯狂扩散侵入很多生态系统，造成生态系统原有结构的破坏，并进一步通过生态级联放大反应影响整个环境。第二，入侵种改变种群结构，通过竞争或捕食破坏生态或作物，引起巨大的经济损失。例如，紫茎泽兰通过竞争过程，对本地植被形成了替代，降低草原饲用植物比例，引起草原价值下降，无法放牧。同样，植食性入侵昆虫对农作物和森林的取食导致作物减产和森林破坏，这种群落结构的改变带来了严重的经济损失。第三，入侵种的种群大量繁殖导致土著种减少，甚至是生物多样性灭绝。例如，水葫芦在水体表面迅速蔓延生长，与其他植物竞争光照和营养，导致土著植物逐步减少。并且水葫芦大量繁殖减少光线进入水中，降低了水体藻类繁殖，进一步减少氧气含量，导致鱼类灭绝。入侵种对土著种的灭绝有巨大的影响，研究发现入侵种的捕食对这些物种的减少和灭绝造成了巨大的影响。入侵猫、鼠、狗、猪、獴、狐及鼬等对鸟类的灭绝有巨大的影响，这些入侵种对哺乳动物和爬行动物的灭绝也都有不同程度的影响。第四，入侵种对人类健康产生巨大的威胁，能够传染人类疾病或人畜共患病。例如，蚊子传播疟疾和登革热等疾病，给社会稳定带来巨大的隐患。

图 3-5　加拿大一枝黄花

3.2　生物入侵的模式与机制

3.2.1　生物入侵的模式

生物入侵主要是指生物从原来生境向新的地理区域的传播，总体来说，生物入侵的途径主要包括非人为因素的自然扩散、随人类活动无意引入和人类有意引入三种类型。自然扩散过程在经典的入侵生态学中一般不被认为是入侵种的传入途径，人为引入是成为入侵种的前提条件。但目前随着生物入侵研究的深入，很多入侵都是自然因素和人为因素的结合，这些也逐步被认为属于外来繁殖体的传入途径。因此，外来种传入最根本的原因是人类活动把这些物种带到了它们无法出现的地方，也就是物种本身的分布范围之外的区域。

3.2.1.1　自然扩散

自然扩散是指入侵种通过自身能力或者借助风力、水流、寄生动物等自然因素进行的扩散。动物和植物都有一定的扩散能力，昆虫能够通过飞行或迁飞进行远距离扩散，通过爬行进行近距离扩散。植物则非常不同，种子成熟时大部分会自动掉落植物的附近，其生长的空间就会受到一定的影响，因此它们就会利用各种方式把自己的种子传播到较远的地方，甚至能够通过动物作为媒介进行传播。入侵种自然扩散的方式可分为以下几种。

（1）主动扩散

主动扩散是指入侵种凭借自身飞行、爬行、跳跃及游泳等方式进行的扩散。有些物种通过远距离飞行或者一定区域内的迁飞进行扩散。外来种的主动扩散根据生物学特征可分为近距离扩散和远距离扩散两种。

① 近距离扩散。近距离扩散是指外来种在一定的范围内通过爬行或者飞行等在区域内部扩散的方式。一般而言，近距离扩散都属于接触性传播，是一种连续、缓慢的扩散方式，

由入侵点向周围辐射或以其他方式蔓延。近距离扩散是入侵种最常用的扩散方式，通常在田间具有较好的可预测性。

② 远距离扩散。远距离扩散是指外来种的跨区域扩散，是通过迁飞的方式由一个区域向另外一个区域的远距离扩散。远距离扩散只在某些类群中才能出现，如草地贪夜蛾、非洲沙漠蝗、黏虫等。这些物种通常体形较大，具有很强的迁飞能力，能够实现跨区域迁飞。远距离扩散一般都是跳跃性扩散，由一个区域瞬间到达另一个区域。远距离扩散具有非定向性和突发性等特点，在某些类群中存在，但远距离扩散带来的风险非常大，甚至是灾难性的，具有不可预见性。

（2）借助自然因素进行扩散

① 风力传播。昆虫和植物都能够借助风力进行传播。有些植物的种子会长出形状如絮状或羽毛状的附属物，重量小，便于乘风飞行。有些植物能产生非常细小的种子，它的表面积与重量的相对比例较大，因此能够随风飘散，如兰科的种子。还有菊科植物蒲公英的瘦果，成熟时冠毛展开，像一把降落伞，随风飘扬，把种子散播到很远的地方。很多小型昆虫借助风力传播也非常普遍，有些蚜虫能够判断风的方向和速度，在迁飞的季节会选择适合的风力，先主动起飞，然后借助风力迅速扩散到几百千米以外的地方。烟粉虱（*Bemisia tabaci*）属小型害虫，活动性弱，不可以主动远距离迁飞，但可以在风力 2～5 级状态下被动向远距离扩散，其飞行扩散直线距离与风力有极大的正相关性。

紫茎泽兰起源地为墨西哥和哥斯达黎加，大约于 20 世纪 40 年代由中缅边境借助风力自然扩散传入我国云南省，首先出现在云南省南部，后逐渐扩散到四川、贵州、广西和西藏等地。蔓延速度极快，以每年大约 60km 的速度，随西南风向东和向北传播扩散。微甘菊（*Mikania micrantha*）是世界十大重要的害草之一，原产南美洲、中美洲地区，现广泛分布于南亚、东南亚等地，其种子产量极丰富，细小且轻，易借风力等进行远距离传播。

② 水传播。有些植物能够通过水流进行传播，靠水传播的植物种子表面带有一层蜡质，有明显的疏水性特征（如睡莲）；靠水传播的植物果皮一般含有气室，相对密度较水低，能够浮在水面上，经由溪流或洋流传播；靠水传播的植物种子的种皮常常具有丰厚的纤维质，能够很好地保护种子，防止种子因浸泡或吸水而腐烂。

（3）借助野生动物进行扩散

① 鸟传播。有些植物果实或种子是鸟类的食物，这些植物大多数是肉质果实（如浆果），能够吸引很多鸟类。鸟类啄食樟科植物的种子后将种子吐出，不会将其消化。还有一些植物较为特殊，这些种子具有厚厚的种皮，果实被采食后，种子在消化道内难以分解，只能随粪便排泄。靠鸟类传播种子的植物是传播距离最远的，但是鸟类的行为和排泄具有很大的随机性，给这些植物种子的存活带来了不确定性。例如，一年生草本植物意大利苍耳（*Xanthium stramarium* subsp. *italicum*），于 1991 年入侵我国。苍耳的种子上具有大量钩状的刺，能够黏附在鸟类的羽毛上，随着鸟类的运动而扩散传播。

② 昆虫传播。蚂蚁在植物种子的传播方面通常扮演二次传播者的角色，蚂蚁喜欢储存

粮食，因此蚂蚁在食物丰富的季节不停地将食物搬回巢穴中。有时蚂蚁会将整个果实搬到巢穴中，在巢穴中只有果肉被消耗掉，种子会被丢弃在蚁穴中，遇到合适的环境条件这些种子就会重新发芽生长，这时蚂蚁就成了二次传播者。同样，很多线虫也能依附在载体昆虫的身体上，如松材线虫能够侵入松墨天牛的气管和微气管中，随着松墨天牛的扩散而传播。

③ 哺乳动物传播。哺乳动物传播植物种子与鸟类非常相似，这些植物都是中大型的肉质果或干果，能够吸引一些哺乳动物。一般而言，哺乳动物的体形比较大，食物的需要量大，故会选择一些大型、果肉较多的果实。例如，猕猴喜爱摄食毛柿及芭蕉的果实，果实被采食，种子经过消化道随意排泄，形成植物种子的传播。一些杂草种子和毒害草具有芒、刺、钩，能黏附在动物皮毛上，随着动物或人的运动而传播。还有一些杂草种子具有黏液，能够粘在哺乳动物的体表，随动物的活动或者迁飞而传播。菊科多年生草本植物天名精（*Carpesium abrotanoides*）在我国有分布，其种子具有黏液，能够粘在哺乳动物体表，随着动物的活动四处传播。并且很多植物的种子耐消化，通过丰厚的果肉吸引哺乳动物的取食，动物连同种子同时取食后，种子在动物体内并不能被消化，而是会随着动物的活动将种子带到新的地方并被排出体外，从而形成植物的传播。

3.2.1.2 无意引入

无意引入是指入侵种通过交通运输、贸易、旅游等人类各种类型的运输、迁移活动方式，作为污染物或者"偷渡者"进入新地区并传播扩散，是人为原因引起但主观上没有意图的引进。

（1）污染物

依托于商业产品、活体生物等的污染物运输是一种重要的无意引入方式。具体包括污染的苗圃材料、污染的诱饵、食物上的污染物、动物上的污染物、植物上的污染物、动物上的寄生虫、植物上的寄生虫、种子污染物、木材贸易、生境物质的运输等。它们"搭便车"到非本地地区，常见的物种包括动物中的蜱虫、螨虫、跳蚤或其他寄生在家畜体表或体内的寄生虫，如二斑叶螨（*Tetranychus urticae*）是苹果产区的主要害虫，会造成苹果早期落叶等，其主要随寄主植物尤其是花圃苗木的调运进行远距离传播。松材线虫是我国明确禁止的进境植物检疫性有害生物，是松树及其他针叶树的毁灭性病虫害，有"松树癌症"的称呼，主要通过木材和国际贸易中的木质包装材料扩散入侵。随着国际运输方式和装卸机械方式的更新，木质包装的使用频率变得越来越高，其携带松材线虫从一个国家或地区传到其他国家或地区的风险也在增大。

（2）"偷渡"

"偷渡"是无意引入中的另外一种重要途径，是指外来入侵生物隐藏附着在集装箱、飞机、船舶甚至旅客的行李上等进行的传播。广为人知的例子是随船舶压载物进行的无意引入。早期的货船使用碎石和土壤固体等压载物，出发前装上压载物，停靠时卸下来。很多小的生物就附着在压载物上通过船的停靠、出发被带上船，再被带到其他中转停靠地或目地。在固体压载物中，携带的物种包括植物种子、昆虫、植物、蚯蚓和许多其他小型生物。从某种意义上讲，压载水带来了大量的入侵物种，成为最重要的入侵载体。在全球海洋入侵种评估中，超过 80％的已知海洋入侵种是由无意运输造成的。除压载物与压载水以外，船舶本身也会携带入侵种，营固着生活的生物会附在船底，得以打破大陆阻隔、水温、洋流等天然制约因素进行扩散。

（3）释放

释放是无意地向大自然释放一些活的生物个体。我国许多地区都存在着龟类、鱼类、鸟类等的放生现象，这些放生的动物可能会给当地生态系统造成巨大影响，人们未考虑到所放生的物种可能造成生物入侵。

（4）逃逸

逃逸是一种常见的现象，目前的生物交换已经非常频繁，如各地的动物园和植物园都引进了大量外来种，这些外来种都是在人为监管下生存的，但有时候，这些生物会发生逃逸，造成严重的后果。在水产养殖方面，虽然外来种引种能带来积极的社会影响和正面的经济价值，如多种食用鱼类，但 21 世纪以来我国水产养殖逃逸导致的鱼类入侵问题已受到广泛关注。

3.2.1.3 有意引入

有意引入通常包括将非本地物种进行囚禁或培养的环节，而无意引入则跳过此环节，在入侵地直接寻找定殖的机会。自古以来，甚至可能早在公元前 8000 年，人类就开始进行物种的有意引入活动了。根据引进的目的，我们可以将有意引入的物种分为以下几类。

（1）食用和药用

人类进行农事活动之初，物种的运输便已经开始进行。从有意引入的物种中人们获得了大部分水果、蔬菜、调味料、肉类和奶制品等，涉及牛、羊、鸡、小麦、番茄、玉米、土豆、蜜蜂、鱼、贝类、牛蛙等物种。

除了农业存在有意传入的物种外，水产养殖业和海产品行业也出现过，其中一些物种被释放或者逃逸至野外。虽然人们已经体会到有意引入带来的风险，但是现在仍然存在引进并养殖稀有或昂贵食用生物的现象。

很多植物能够作为药用植物被引进，这些引进的药用植物曾经对我国的农业和医药起到重要的作用。我国传统中药目前已经超过 12000 种，其中大部分都是外来引进物种。在作为药用植物引种的过程中，很多植物在引种过程中发生了逃逸，最终成为入侵植物。蓖麻是一种药用植物，引入我国之后逃逸成为入侵种，在农田及自然环境中大量繁殖，造成了非常严重的生态和经济损失。另外，对奇花异草的追求，促使人们不断地引进外地或国外的花草品种，这些花草免不了从花园中逃逸成为危险的入侵种。

1984 年，福寿螺作为特种养殖对象在广东省被广为推广，并很快被人工引种到了广西、福建、四川、云南、浙江等地。但是，由于福寿螺味道不受欢迎，被大量遗弃野外，自然繁衍蔓延，如浙江的台州和宁波分别于 1999 年和 2002 年被福寿螺入侵。根据浙江省农业科学院研究，福寿螺在向北迁移的过程中，经历 $-3\sim5℃$ 的低温考验后的种群存活率更高。目前，福寿螺在长江以南广大地区已有广泛分布，并且可以自然越冬。福寿螺在中国仍然在不断北移，自西向东，长江沿线各地均已成为福寿螺分布的地区。

（2）牧草和饲料

我国畜牧业一直发展缓慢，近年来由于牛奶和奶粉的需求量不断增加，对奶产业提出了更高的要求，我国的畜牧业得到了明显的进步。但牧草是畜牧业的基础，尤其是优质速生牧草的需求量不断增加，大量的牧草品种都是国外生产，因此为国外牧草品种向中国引进提供了大量的机会。牧草在引进前需要进行栽培试验，测试国外草种公司提供的品种是否适合我国，并作为优质牧草应用。但是，很多牧草引进中国后，不仅不能作为牧草，甚至一些草种已成为危险的入侵种。

（3）非食用物种

对非食用物种进行有意运输和引进是常见现象，生物燃料物种的进口和种植就是一个很好的例子。这种作物是根据易管理、高燃料特性进行选择、育种和工程设计的，这也可能使其更具侵略性。

还有一种有意引入的目的是改善自然环境，即满足部分人审美或文化需求，包括园艺植物、宠物等的进口或繁殖。这类生物数量可能大得惊人。同时野生动物的进出口量也很惊人，其中大部分是因为宠物贸易，被交易的个体多数是野生捕获的，导致这些物种在非本地区域更容易建立种群，至少对于鸟类来说情况是这样的。野生动物贸易的管理非常困难，这也意味着活体野生动物贸易是引入各种非本地物种的一个重要途径，而且未来风险可能会继续扩大。

（4）生物防治

生物防治是一种容易被大家忽视的有意引入方式。人类希望通过引入害虫的天敌来将害虫的数量控制到无害水平。"害虫"原指对农业或人类健康有害的本地物种，但现在通常是指对经济或环境有害的非本地物种。在入侵生态学的历史背景下，早期的生防生物大多数是脊椎动物。例如，食虫鸟类常被引入海洋岛屿，从而保护园艺作物免受虫害。异色瓢虫（*Harmonia axyridis*）也是一种重要的生物防治因子，能够捕食蚜虫和烟粉虱等多种小型害虫，被多国引入用于防治农作物和果树上的害虫。

（5）科学研究与生态恢复

很多情况下出于科学研究或者物种保护的需要，人们需要把物种运送到新的地区。如植物园展览促进了非本地种的有意引入和种群建立，有时植物园会积极地将一些物种传播给当地公民和机构，一些植物爱好者采用剪枝等非法收集的行为进行采集，增加了物种逃逸和扩散的可能性。有些植物也能够作为生态恢复的重要材料，如互花米草（*Spartina alterniflora*）对气候、环境的适应性和耐受能力很强，对基质条件也无特殊要求，在黏土、壤土和粉砂土中都能生长，在河口地区的淤泥质海滩上生长最好。同时，互花米草是一种典型的盐生植物，从淡水到海水具有广适盐性，适盐范围是0~3%，对盐胁迫具有高抗性，是沿海滩涂的重要生态恢复材料，通过引进种植互花米草，能够有效地保护滩涂。但互花米草繁殖量惊人，引入后扩散失去控制，大量疯长，改变土著生态环境，造成土著种灭绝。

（6）引种的有效管理

近些年来，随着社会生产力的进步及大众物质文化生活水平的提高，作物及观赏动植物新品种资源开始越来越多地被我们发掘、引种、培育和利用，这也在一定程度上推动了社会的进步，但随之而来的，无论是有意引种还是无意引种，由于引种前缺乏科学的评估或者引种后缺少合理的管控，引种也给生物入侵创造了条件，酿成了很多生态事件，带来了巨大的经济损失。以我国为例，有63种杂草是作为观赏植物、药用植物、蔬菜、饲料或牧草等引入的，占外来杂草总数的58%以上，因此我们必须给予关注和重视，以避免在引种过程中产生生物入侵事件，也能在维护生态系统稳定的基础上，最大限度地保护我们自身的利益。

有意引入若缺乏科学的评估和管理，则会导致生物入侵，带来巨大的经济损失。无意引入是导致生物入侵的一条不容忽视的途径。随着国际交往愈加频繁，旅游业和交通运输网络也在不断完善发展，再加上人类各种跨国跨地区活动，无意之中为非本地种往一个新生境长距离迁移、传播及扩散创造了条件。各种商品和粮食的往来及旅游者携带也会无意之中带来非本地种的入侵。随着全球经济的发展，引种还会越来越多，涉及的范围也会越来越广，我们也看到了引种在我们生态环境改善及社会生活改变方面发挥的重大作用。但是无论是有意引种还是无意引种，其带来的生物入侵风险也不容忽视。在实际工作中，只要科学地评估、合理地管理，我们就能更好地达到引种的目的。

3.2.1.4 新型传入模式与交通运输网络

（1）贸易

贸易与外来种的发生呈正相关，国际贸易是造成当今世界生物入侵水平与分布格局的主要原因之一，贸易的数量和质量变化都会影响外来种的扩散。但各国之间在增速上存在明显的差异。发达国家的商业水平很高且进口频繁，增加了被外来种入侵的风险。发展中国家由于购买力偏低、进口量小，风险也随之减小。然而，全球从事入侵种研究最多的地区往往不是那些生物入侵对生物多样性影响最大、最需要保护的地区，入侵种的研究主要集中在发达国家，而自然生态系统和生物多样性热点地带却大多数分布在发展中国家。在处理入侵种的问题上，发达国家比发展中国家在社会意识、社会资源、经济预算、研究方法和防治措施等方面有着更多的优势，已建立健全法律法规，制定了相应的管理策略、技术准则和技术指南来加强对本国入侵种的管理。

随着全球经济的迅速发展，我国对国外产品的需求量不断提升，建设了大量自由贸易试验区。进口数量的迅速攀升使得检疫工作压力巨大，建立入侵种早期监测和快速鉴定系统，完善入侵种的应急防控和清除机制对于抵御外来种入侵都具有重要的作用。

（2）新型运输载体

全球经济一体化及信息与互联网技术的发展，催生了跨境电子商务这种新型商业模式。与传统的国际贸易形式相比，这种模式具有对市场变化反应迅速、成本低、效率高等优势，发展十分迅猛。随着"一带一路"等经济建设的不断发展，电子商务作为战略性新兴产业，将会得到国家更多的政策扶持，甚至成为未来国际贸易的主要发展方向。由于跨境电子商务以邮包、快件为主，具有门槛低、环节少、成本低、周期短等特点，增大了检疫难度。

（3）气候变化

随着社会工业化进程的加快，尤其是 20 世纪以来，人类工业活动不断增多，工业化及科学技术不断发展给人类社会带来了巨大的经济效益和社会推动力，但与此同时，高效益及高频率的工业活动也给人类的生存环境造成了难以预料的全球性生态变化和风险，全球气候变化就是其中之一。气候涉及温度、降雨、湿度和光周期等因素，气候会影响外来种及其天敌的生长、存活、繁殖和传播，因此会限制外来种的入侵与扩散。气候变化的重要表现之一为温度的升高。全球变暖可以促进生物入侵各个环节。由于昆虫是变温动物，相对于其他生物，其敏感性更强。例如，温度升高促进某些森林昆虫的范围扩大，特别是在较高纬度和海拔的地区。

生物入侵作为全球气候大环境下的一种基于非本地种和生态环境之间的相互作用，面对变化的全球气候，必定会在入侵方面表现出新的相互作用方式或者作用方式发生改变。这种由气候变化带来的生物入侵的改变可能是复杂的，但对于我们更好地解释生物入侵机制，以及更加合理和准确地预测与评估生物入侵发展趋势和生物入侵带给我们的影响具有深远意义。因此，我们必须关注气候变化与生物入侵之间的相互作用，以采取全球范围内的有力措施来应对这些改变，更好地去保护地球的生物多样性，更全面地去服务生态系统。

（4）交通运输网络

① 交通运输网络的发展

交通运输贯穿于人类社会和各种自然景观中，其对经济和社会发展起着不可替代的作用。随着经济的快速发展，交通运输网络也在世界范围内开始加速扩展。除此之外，全球各国相互联系的海上航路和空中航线也不断发展，形成覆盖全球的交通运输网络。交通运输网络是一个涉及多层次、多变量的时间和空间相互协调的复杂系统，它连接着不同国家和地区，跨域不同的气候和生态环境，进行着复杂多样的人类活动，还贯穿各种类型的生态系统，是一个与环境、资源及人类活动相联系的开放系统，其对人类社会和生态环境的影响也极为深远，在促进经济发展、增加人类财富、给人类的社会发展提供保障的同时，也对周边生态环境产生着直接或者间接的作用，影响着诸多生态过程。

② 交通运输网络的影响

a. 促进生物入侵。交通运输网络能够直接促进外来种的传入、传播与扩散，给生物入侵开辟了到达新生境的途径。交通运输是生物入侵的一条重要途径，其打破了物种分布的自然阻隔，为外来种的传播提供了多样的媒介。交通运输的便利能够促进动植物商品的交换，并且提高人口的流动速度，这些都会对生物入侵有巨大的促进作用。交通运输网络的发展最明显的是带来人口迁移速率的加快，不仅仅是旅游人数的增加，而且带来了全球人口的相互迁移。因此，交通运输网络带来了人口流动的便捷性，而人口流动的便捷性则导致迁移率增加，最终形成了入侵种的增加。此外，交通运输网络的建设也可能为物种提供一定的自然庇护场所和特殊栖息地，还能起到廊道和媒介作用，也能在一定程度上利于生物入侵。

b. 影响种群动态和物种分布。交通运输的网络化建设和发展过程会影响到种群动态和物种分布。交通运输网络化对生态系统最显著的影响就是切割生态系统、破坏生境、导致物种栖息地丧失，从而引起物种死亡率升高、种群数量减少、生境的剧烈改变甚至能够造成土著种灭绝。土著种的种群数量降低为外来种提供了空余生态位，使外来种在系统中扩张。交通光源和噪声也会影响到物种种群动态和物种分布，一方面，车辆灯光可直接加大趋光性动物的死亡率；另一方面，灯光和噪声等会干扰动植物的正常生长和繁殖活动等。人为交通路线网络的建设在生境中也起到一定的阻隔作用，阻碍种群的交流与扩散，对于一些繁殖力弱的物种，高密度的交通运输网络很容易造成这些物种的灭绝。

3.2.2 我国生物入侵的发生现状

生物入侵是全世界面临的生物安全问题，世界各地发生的生物入侵给各国都造成了不同程度的经济损失和生态环境破坏。中国地域辽阔，栖息地类型繁多，生态系统多样，大多数外来物种很容易在中国找到适宜的生长繁殖地，这也使得中国较容易遭受外来物种的入侵。据初步统计，中国已知的外来入侵物种有 500 多种，其中入侵植物近 300 种，具有严重危害性和巨大威胁性的杂草有紫茎泽兰、豚草、空心莲子草、水葫芦、大米草、微甘菊、毒麦、假高粱、加拿大一枝黄花和香泽兰等，部分入侵植物见表 3-1。入侵动物约 180 种，入侵微生物 50 余种。我国的外来入侵物种主要来源于北美洲，南美洲、亚洲和欧洲等。我国最具危险性的 22 种农林业入侵物种及其分布、寄主植物/危害见表 3-2。

表 3-1　部分入侵植物

中文种名	拉丁学名	中文种名	拉丁学名
苋科	**Amaranthaceae**	紫草科	**Boraginaceae**
空心莲子草	*Alternanthera philoxeroides* (Mart.)Griseb.	天芥菜	*Heliotropium europaeum* L.
		仙人掌科	**Cactaceae**
刺花莲子草	*Alternanthera pungens*	单刺仙人掌	*Opuntia monacantha*（Willd.）Haw.
白苋	*Amaranthus albus* L.	大麻科	**Cannabaceae**
北美苋	*Amaranthus blitoides* S. Watson	大麻	*Cannabis sativa* L.
尾穗苋	*Amaranthus caudatus* L.	石竹科	**Caryophyllaceae**
反枝苋	*Amaranthus retroflexus* L.	毒麦	*Lolium temulentum* L.
刺苋	*Amaranthus spinosus* L.	小繁缕	*Stellaria pusilla* Schmid
苋	*Amaranthus tricolor* L.	麦蓝菜	*Gypsophila vaccaria* Sm.
皱果苋	*Amaranthus viridis* L.	菊科	**Asteraceae**
银花苋	*Gomphrena celosioides* Mart.	刺苞果	*Acanthospermum hispidum* DC.
土荆芥	*Dysphania ambrosioides* (L.)Mosyakin & Clemants	藿香蓟	*Ageratum conyzoides* L.
		熊耳草	*Ageratum houstonianum* Mill.

中文种名	拉丁学名	中文种名	拉丁学名
豚草	*Ambrosia artemisiifolia* L.	芥菜	*Brassica juncea* (L.)Czern.
三裂叶豚草	*Ambrosia trifida* L.	新疆白芥	*Rhamphospermum arvense* (L.)Andrz. ex Besser
田春黄菊	*Anthemis arvensis* L.	臭荠	*Lepidium didymum* L.
钻叶紫菀	*Symphyotrichum subulatum* (Michx.)G. L. Nesom	绿独行菜	*Lepidium campestre* (L.) R. Br. ex W. T. Aiton
大狼杷草	*Bidens frondosa* L.	密花独行菜	*Lepidium densiflorum* Schrad.
蒿子秆	*Glebionis carinata* (Schousb.) Tzvelev	北美独行菜	*Lepidium virginicum* L.
茼蒿	*Glebionis coronaria* (L.)Cass. ex Spach	**葫芦科**	**Cucurbitaceae**
菊苣	*Cichorium intybus* L.	小马泡	*Cucumis bisexualis* A. M. Lu & G. C. Wang
香丝草	*Erigeron bonariensis* L.		
小蓬草	*Erigeron canadensis* L.	马泡瓜	*Cucumis melo* var. *agrestis* Naudin
大花金鸡菊	*Coreopsis grandiflora* Hogg ex Sweet.	**大戟科**	**Euphorbiaceae**
剑叶金鸡菊	*Coreopsis lanceolata* L.	蓖麻	*Ricinus communis* L.
蛇目菊	*Sanvitalia procumbens* Lam.	**禾本科**	**Poaceae**
秋英	*Cosmos bipinnatus* Cav.	节节麦	*Aegilops tauschii* Coss.
黄秋英	*Cosmos sulphureus* Cav.	地毯草	*Axonopus compressus* (Sw.)P. Beauv.
一年蓬	*Erigeron annuus* (L.)Pers.	臂形草	*Brachiaria eruciformis* (Sm.)Griseb.
春飞蓬	*Erigeron philadelphicus* L.	巴拉草	*Brachiaria mutica* (Forssk.)Stapf
紫茎泽兰	*Ageratina adenophora* (Spreng.) R. M. King & H. Rob.	扁穗雀麦	*Bromus catharticus* Vahl
		野牛草	*Buchloe dactyloides* (*Nutt.*)Engelm.
飞机草	*Chromolaena odorata* (L.) R. M. King & H. Rob.	皱稃草	*Ehrharta erecta* Lam.
黄顶菊	*Flaveria bidentis* (L.)Kuntze	芒颖大麦草	*Hordeum jubatum* L.
牛膝菊	*Galinsoga parviflora* Cav.	多花黑麦草	*Lolium multiflorum* Lamk.
菊芋	*Helianthus tuberosus* L.	黑麦草	*Lolium perenne* L.
堆心菊	*Helenium autumnale* L.	欧黑麦草	*Lolium persicum* Boiss. & Hoh.
滨菊	*Leucanthemum vulgare* Lam.	毒麦	*Lolium temulentum* L.
微甘菊	*Mikania micrantha* Kunth	田野黑麦草	*Lolium temulentum* var. *arvense* Lilj.
银胶菊	*Parthenium hysterophorus* L.	长芒毒麦	*Lolium temulentum* var. *longiaristatum* Parn.
假地胆草	*Pseudelephantopus spicatus* (Juss. ex Aubl.)Gleason	毛花雀稗	*Paspalum dilatatum* Poir.
		裂颖雀稗	*Paspalum fimbriatum* Kunth
伞房匹菊	*Pyrethrum parthenifolium* Willd.	牧地狼尾草	*Pennisetum polystachion* (L.)Schult.
欧洲千里光	*Senecio vulgaris* L.	细䅟草	*Phalaris minor* Retz.
水飞蓟	*Silybum marianum* (L.)Gaertn.	奇䅟草	*Phalaris paradoxa* L.
加拿大一枝黄花	*Solidago canadensis* L.	梯牧草	*Phleum pratense* L.
裸柱菊	*Soliva anthemifolia* (Juss.)R. Br.	加拿大早熟禾	*Poa compressa* L.
续断菊	*Sonchus asper* (L.)Hill	棕叶狗尾草	*Setaria palmifolia* (J. Konig)Stapf
苦苣菜	*Sonchus oleraceus* L.	假高粱	*Pseudosorghum fasciculare* (Roxb.)A. Camus
金腰箭	*Synedrella nodiflora* (L.)Gaertn.		
万寿菊	*Tagetes erecta* L.	苏丹草	*Sorghum sudanenses* (Piper)Stapf
肿柄菊	*Tithonia diversifolia* A. Gray	互花米草	*Spartina alterniflora* Loisel.
羽芒菊	*Tridax procumbens* L.	大米草	*Spartina anglica* Hubb.
南美蟛蜞菊	*Sphagneticola trilobata* (L.)Pruski	**豆科**	**Fabaceae**
刺苍耳	*Xanthium spinosum* L.	含羞草山扁豆	*Chamaecrista mimosoides* Standl.
多花百日菊	*Zinnia peruviana* L.	望江南	*Senna occidentalis* (L.)Link
旋花科	**Convolvulaceae**	决明	*Senna tora* (L.)Roxb.
裂叶牵牛	*Ipomoea hederacea* (L.)Jacq.	南苜蓿	*Medicago polymorpha* L.
圆叶牵牛	*Ipomoea purpurea* (L.)Roth	苜蓿	*Medicago sativa* L.
菟丝子	*Cuscuta chinensis* Lam.	白花草木樨	*Melilotus albus* Desr.
十字花科	**Brassicaceae**	含羞草	*Mimosa pudica* L.

中文种名	拉丁学名	中文种名	拉丁学名
刺槐	*Robinia pseudoacacia* L.	**马齿苋科**	**Portulacaceae**
绛车轴草	*Trifolium incarnatum* L.	土人参	*Talinum paniculatum*（Jacq.）Gaertn.
红车轴草	*Trifolium pratense* L.	**毛茛科**	**Ranunculaceae**
白车轴草	*Trifolium repens* L.	田野毛茛	*Ranunculus arvensis* L.
锦葵科	**Malvaceae**	**木樨草科**	**Resedaceae**
胖果苘	*Herissantia crispa*（L.）Brizicky	黄木樨草	*Reseda lutea* L.
野西瓜苗	*Hibiscus trionum* L.	**车前科**	**Plantaginaceae**
赛葵	*Malvastrum coromandelianum*（L.）Garcke	野甘草	*Scoparia dulcis* L.
紫茉莉科	**Nyctaginaceae**	直立婆婆纳	*Veronica arvensis* L.
紫茉莉	*Mirabilis jalapa* Linn.	常春藤婆婆纳	*Veronica hederifolia* L.
莼菜科	**Cabombaceae**	阿拉伯婆婆纳	*Veronica persica* Poir.
水盾草	*Cabomba caroliniana* A. Gray	**茄科**	**Solanaceae**
柳叶菜科	**Onagraceae**	洋金花	*Datura metel* L.
黄花月见草	*Oenothera glazioviana* Mich.	短毛酸浆	*Physalis pubescens* L.
酢浆草科	**Oxalidaceae**	**伞形科**	**Apiaceae**
铜锤草	*Oxalis corymbosa* DC.	细叶旱芹	*Cyclospermum leptophyllum*（Pers.）Sprague ex Britton & P. Wilson
商陆科	**Phytolaccaceae**		
垂序商陆	*Phytolacca americana* L.	芫荽	*Coriandrum sativum* L.
车前科	**Plantaginaceae**	**马鞭草科**	**Verbenaceae**
长叶车前	*Plantago lanceolata* L.	马缨丹	*Lantana camara* L.
北美车前	*Plantago virginica* L.	**葡萄科**	**Vitaceae**
雨久花科	**Pontederiaceae**	五叶地锦	*Parthenocissus quinquefolia*（L.）Planch.
凤眼莲	*Eichhornia crassipes*（Mart.）Solms		

注：表中所列出的种类来源参考中国入侵植物信息网和中华人民共和国生态环境部数据

表 3-2　中国最具危险性的 22 种农林业入侵物种分布、寄主植物/危害

物种	分布	寄主植物/危害
烟粉虱（B 型与 Q 型）	广东、广西、海南、福建等	蔬菜、花卉、烟草和棉花等 600 多种
稻水象甲	河北、山西、陕西、山东等	水稻
苹果蠹蛾	新疆、甘肃	苹果、沙果、库尔勒香梨、桃、梨等
马铃薯叶甲	新疆	马铃薯、番茄、茄子、辣椒、烟草、龙葵、天仙子
柑橘小实蝇	广东、广西、云南、四川等	水果、蔬菜等 250 多种作物
松突圆蚧	台湾、澳门、广东、福建、广西	松属树种
椰心叶甲	海南、云南、广东、广西、台湾	棕榈科植物
红脂大小蠹	山西、河北、河南、陕西	油松、华山松、白皮松
红火蚁	台湾、广东、广西、福建、澳门	叮咬村民，危害公共设施
克氏原螯虾	除西藏、青海、内蒙外的 20 多个省、直辖市、自治区	危害土著种，毁坏堤坝等
松材线虫	云南、安徽、广东、广西、福建	松属树种
香蕉穿孔线虫	曾在福建、广东发现	经济、观赏植物等 350 种以上
福寿螺	海南、福建、广东、广西、四川	危害稻田、农田，传播人类疾病
紫茎泽兰	云南、贵州、广西、四川、重庆	危害农林畜牧业，使生态系统单一化
普通豚草	湖南、湖北、四川、福建等	破坏农业生产，影响生态平衡及人类健康
水葫芦	浙江、福建、台湾、重庆、四川、云南、广东、广西等	堵塞河道，造成水体富营养化，单一成片，降低生物多样性

続表

物种	分布	寄主植物/危害
空心莲子草	湖南、湖北、四川、重庆、福建等21个省、直辖市、自治区	堵塞河道,影响排涝泄洪,降低作物产量,传播家畜疾病
互花米草	除海南、台湾外的全部沿海省份	破坏海洋生态系统、水产养殖
微甘菊	广东、云南、海南、香港、澳门	危害天然次生林、人工林等
加拿大一枝黄花	河南、辽宁、四川、湖南等	使物种单一化,侵入农田,影响植被的自然恢复过程
黄顶菊	河北、天津、河南、山东	危害多种农田作物
菟丝子属	辽宁、吉林、黑龙江等	危害农作物和林木

这些外来入侵生物,目前已然成为中国农业、林业、牧业生产和生物多样性保护的头号敌人。一方面,它们给中国农业、林业、牧业造成巨大的经济损失。另一方面,它们使得中国维护生物多样性的任务更加艰巨。

入侵植物是入侵种的主体。入侵植物能够随着多种运输方式和传播方式进入国内,尤其种子较小的植物种类,其中禾本科、菊科、十字花科、千屈菜科入侵较多,占比超过50%。外来入侵动物中,昆虫纲175种、鱼纲63种、腹足纲18种、哺乳纲18种、鸟纲17种、双壳纲13种、爬行纲13种、线虫纲11种、软甲纲11种、蛛形纲6种等。整体来说,入侵动物中昆虫物种最多,占入侵动物的比例高达48.2%。

我国的外来入侵动物主要来源国家非常广泛,包括美洲、欧洲及亚洲。从纬度梯度来看,入侵动物物种主要集中在我国南部,如台湾、广东、广西、福建、云南等地;从经度梯度来看,主要集中在东部地区,如浙江、江苏、山东、河北、辽宁等地。总体呈现从南到北逐渐减少,主要集中在南方及东部沿海地区。

3.3 生物入侵对环境的危害

3.3.1 导致严重的农林渔业经济损失

入侵物种有的可以导致农作物、林木、家畜家禽和水产动物的流行病或虫灾,从而造成严重的经济损失。在中国,从南到北、从东到西,几乎随处可见这些外来生物入侵者制造的麻烦。

对于任何一个国家而言,想要根治已入侵成功的外来物种是相当困难的,甚至是不可能的。实际上,仅仅是用于控制其蔓延的治理费用就相当昂贵。中国每年因打捞水葫芦的费用就多达5亿~10亿元,由水葫芦造成的直接经济损失也接近100亿元。

3.3.2 破坏生态环境,加速物种灭绝

外来物种入侵会对土壤的水分及其他营养成分,以及生物群落的结构稳定性及遗传多样

性等方面造成影响，从而破坏当地的生态平衡。生物的多样性是包括所有的植物、动物、微生物，以及生物体与生存环境集合形成的不同等级的复杂系统。虽然一个国家或区域的生物多样性是大自然所赋予的，但任何一个国家都在投入大量的人力、物力尽力维护该国生物的多样性。而外来物种入侵却是威胁生物多样性的头号敌人，入侵种被引入异地后，由于其新生环境缺乏能制约其繁殖的自然天敌及其他制约因素，其后果便是迅速蔓延，大量扩张，形成优势种群，并与当地物种竞争有限的食物和空间资源，直接导致当地物种的退化，甚至灭绝。

3.3.3　导致人类疾病，威胁人类健康和生存

有不少的入侵生物可直接导致人类疾病。如我国近年来先后发生的非典型性肺炎（SARS）、禽流感病毒（AIV）、手足口病（hand-mouth-foot disease）等都是入侵生物所致。豚草（*Ambrosia artemisiifolia* L.）原产北美洲，1935 年发现于中国杭州，分布于东北、华北、华中和华东等地约 15 个省、直辖市，其花粉可导致"枯草热"，在花粉飘散的 7～9 月，过敏体质者便会发生哮喘、打喷嚏、流鼻涕等症状，甚至产生严重的并发症而死亡。近年来，我国广东省发生的食用福寿螺后导致食用者中毒的事件、广西壮族自治区发生的红火蚁咬伤人的事件等，都造成了人们对入侵生物的惧怕和恐慌。由此可见，有些入侵生物种类可对人类的健康和生存构成巨大的威胁。

3.4　入侵生物的风险评估与监测预警

入侵生物已成为严重的全球性环境问题，是导致区域和全球生物多样性丧失的最重要因素之一。全球经济一体化、国际贸易、现代先进交通工具、蓬勃发展的观光旅游事业等因素，为入侵生物长距离迁移、传播，扩散到新的生境中创造了条件，高山、大海等自然屏障的作用已变得越来越小。入侵生物对农林业、贸易、交通运输、旅游等相关行业和生物多样性造成了巨大的损失。

入侵生物风险评估是生物多样性保护领域中"预防原则"的具体表现，是入侵生物环境管理的重要手段。

3.4.1　入侵生物风险评估

针对入侵生物开展的风险评估起步较晚，但发展较快。一些发达国家加强了入侵生物的管理，把风险评估作为一项重要的管理措施。在我国，有关部门也正在组织制订入侵生物风险评估技术规范。

3.4.1.1　编制入侵生物风险评估标准

编制某一种入侵生物风险评估标准应遵循科学性、重要性、系统性和实用性原则。

科学性。评估因素的选取应建立在对生物入侵的科学问题充分认识、深入研究的基础上，客观、准确地表征和预测生物入侵风险产生、变化和控制的过程，体现风险的内涵与特征，定义要明确，测定方法要简单。

重要性。评估因素不是越多越好，选取的因素应该是导致风险产生的重要因素，与风险的有无和大小有着必然的、直接的联系。

系统性。评估标准作为一个有机整体，要求能全面反映入侵生物各要素的特征、状态及各要素之间的关系，但要避免因素之间的重叠，使评价目标与评估因素有机联系为一个层次分明的整体。

实用性。评估标准应具有很强的可操作性，可以用定性评估，也可以用定量评估。

编制入侵生物的风险评估标准需要遵循一定的技术路线，其中主要包括查阅文献资料和进行专家咨询以积累必要的数据资料；拟定标准的提纲，确定有关候选指标并草拟出标准的框架；写出标准的讨论稿并征求对标准的修改意见，同时征求一些权威专家的意见；最后根据讨论和专家建议确定标准的送审稿。

3.4.1.2　风险识别过程

生物入侵风险的产生是物种自身因素、环境因素、人为因素和入侵后果等4种因素共同作用的结果。根据生物入侵风险产生的过程和特点，综合分析生物学、生态学、人类活动和危害等方面的因素，提取影响风险产生的内在和外在关键因子。风险评估就是对这些因子进行研究，逐步识别各方面的风险。

自身因素。指入侵生物本身具备的有利于入侵的生物学和生态学特性，如入侵生物的繁殖能力、传播能力等固有的特性，以及对环境改变的适应能力等。

环境因素。指适合生物入侵的各种生物和非生物因素，如本地的竞争者、捕食者或天敌，适宜入侵生物生长、繁殖、传播、暴发等的气候条件等。

人为因素。指人类活动对生物入侵产生的影响，如人类活动为入侵生物的引进开辟了途径，对生物入侵、传播扩散和暴发疏于防范或采取了不适当的干预措施。

入侵后果。指入侵生物各种不利于人类利益的作用结果，表现为经济、环境、人类健康的损失。

3.4.1.3　入侵生物风险评估的基本原则与工作程序

入侵生物的风险评估需要遵循两项基本原则，即预先防范原则和逐步评估原则。

① 预先防范原则。在没有充分的科学证据证明引进外来物种无害时，应认为该物种可能有害。即使评估认为其风险是可预测和可控制的，也应该开展长期监测以防范未知的潜在风险。对有意引进的外来物种，即使评估不能证明其存在风险，也应遵循先实验后推广、逐

步扩大利用规模的步骤。

② 逐步评估原则。入侵生物风险评估应按照识别风险、评估风险、管理风险的步骤进行，根据具体情况逐步开展。

3.4.1.4 评估

（1）评估前的准备

通过收集基础信息，明确拟评估对象，决定是否进行风险评估。

① 收集基础信息。收集的信息包括受外来物种影响区域的环境经济现状、外来物种的引进途径、外来物种的生物学特征、外来物种的管制状况、已有的外来物种风险评估情况、外来物种的危害。

② 明确拟评估对象。通过基础信息的综合分析，明确拟评估的外来物种。应当注意确定该物种是否为外来物种，评估对象包括两类：入侵生物；虽不能在当地建立自然种群或进行自然扩散，但由于不适当的生产措施可能导致其产生经济和环境危害的外来物种。

③ 决定是否进行风险评估。标准规定了两种免除风险评估的情形，除此之外，都要进行风险评估。

（2）评估

评估分为4个步骤，分别是引进可能性评估、建立自然种群可能性的评估、扩散可能性的评估和生态危害性的评估。

① 引进可能性的评估。根据引进的方式分别对有意引进和无意引进的风险进行评估。对于有意引进外来物种，引进的可能性是确定存在的。对于无意引进的外来物种，主要评估其与物资、人员流动的联系，原产地的分布和发生情况，对货物采取的商业措施，检疫难度，存储和运输的条件和速度，在存储和运输中的生存和繁殖能力，专门处理措施等方面。

② 建立自然种群可能性的评估。对依赖人工繁育的外来物种，不需要评估其建立自然种群的可能性。而对自然繁殖的外来物种主要评估：外来物种的适应能力和抗逆性，繁殖能力，有无适宜外来物种生存的栖息地及分布，有无外来物种生长、繁殖、扩散等关键阶段所必需的其他物种，有无有利于外来物种建立种群的人为因素等方面。

③ 扩散可能性的评估。对依赖人工繁育的外来物种，不需要评估其扩散的可能性。而对于非人工繁育的外来物种，则主要评估：外来物种的扩散能力、有无阻止外来物种的扩散的自然障碍、人类活动对扩散的影响等方面。

④ 生态危害性的评估。主要评估环境危害、经济危害、危害的控制。

（3）对不同类群生物的评估

具体而言，对于不同类群生物的评估可能还有一定的差异。

① 对草本植物的评估

建立自然种群的可能性：评估气候相似性、可育的种子、自然杂交、自花授粉、授粉者、无性繁殖、生命周期、耐阴性和抗土壤贫瘠等方面。

扩散可能性评估：评估种子产量和发芽率、适应长距离传播的器官或结构、有利于携带传播的拟态性、被有意或无意传播、自然传播等方面。

生态危害评估：评估是否人工繁育、特殊器官、化感作用、被寄生、可食性、毒性、传播病虫害、引发火灾、可控制性等方面。

② 对鱼类的评估

建立自然种群的可能性：评估气候相似性、卵、产卵场、生命周期、雌雄性比、食物、繁殖策略、取食策略、杂交潜力、改变性别、耐受恶劣水质等方面。

扩散可能性评估：评估人为携带、从隔离状态下逃脱、产卵量、性成熟、卵的扩散性、仔稚鱼的扩散能力、幼鱼和成鱼的可动性、对盐度和离开水体的耐受能力等方面。

生态危害评估：评估与本地鱼类的竞争、是否降低生境质量、对人类健康的风险等方面。

③ 对昆虫的评估

建立自然种群的可能性：评估气候相似性、生命周期、抗逆能力、性成熟时间、繁殖周期、生殖方式等方面。

扩散可能性评估：评估产生后代、迁飞、被传播性等方面。

生态危害评估：评估危害对象的重要性、传播其他有害生物、对目标对象的专一性、天敌、可控制性、耐药性等方面。

④ 对微生物的评估

建立自然种群的可能性：原产地与评估区域的气候相似性、寄主的种类和分布。

扩散可能性评估：传播介体的活动性；被人类有意或无意传播的可能性；被水流、气流等传播的可能性。

生态危害评估：危害对象的经济环境重要性；若为生物防治因子，其目标对象的专一性；能否被杀菌剂控制及该杀菌剂的成本和安全性；对人工防除、化学防除等管理措施的耐受性。

3.4.2 入侵生物的监测

入侵生物的监测目的是掌握入侵生物的发生疫情动态，是有效防控它们扩散蔓延的基础。可以将入侵生物监测的整个过程划分为三个阶段：监测准备阶段、监测程序实施和监测结果报告。

3.4.2.1 监测准备阶段

确定监测目标内容，查阅和收集入侵生物的相关文献资料，明确其生物学和生态学特性、发生发展规律、现有地理分布和危害、传播扩散方式及控制技术等，并由此制订出相应的监测技术和实施方案。

3.4.2.2 监测程序实施

入侵生物疫情的监测分为检疫监测和环境调查两个方面。

（1）检疫监测（quarantine inspection）

这是带有法律性质的监测程序，需要按有害生物的检疫检验程序进行，它是由检疫部门人员实施的调查，主要是对进出境商品或货物进行检疫检验，看应检物（各种货物产品、包装材料、运载工具及其可能携带的附属物）是否带有入侵生物。检疫监测是预防外来入侵生物借助于人为无意传带入侵的最佳技术措施。检疫监测又分为现场检疫监测和实验室检验。

现场检疫监测（on-site quarantine inspection）：是检疫人员在现场（机场、车站、港口及货物集散地）对输入或输出的应检物品进行观察，初步确认其是否符合相关检疫法规的要求，同时在现场对应检物品进行抽样，获得一定量的应检物样品，送实验室检验。如果现场检验发现入侵生物或其他有害生物，或其导致的疫病症状等，应扩大抽查范围作进一步观察核实。经现场检验确认带有入侵生物或有害生物的产品，即可作出相应的检疫处理。但在现场肉眼检验未发现入侵生物的产品，也必须抽样送实验室检验，因为入侵微生物都是肉眼不可见的物种，需要直接或通过分离纯化后用显微镜等特殊仪器才能检出。

实验室检验（laboratory test）：对现场检验抽样获取的应检物样品，需要借助于实验室仪器进行分离鉴定检测，以确定疫病或有害生物的种类。实验室检验对专业的要求较高，需要专业技术人员利用实验室各种相关设备采用生物学和分子生物学方法，对应检物中可能携带的入侵生物或其他害虫、杂草和病原微生物的种类做出快速且准确的鉴定。检验方法可能涉及生物的形态分类、消毒灭菌、分离培养、显微测试、生理生化测试、毒性或病理实验、分子生物学和基因工程等方面的技术。实验室检验一般由国家检疫部门建立的专门检疫实验室执行；对于一些疑难待检样品，需要送至国内设备先进的教学科研单位实验室，由专家鉴定。

（2）环境调查（environment survey）

环境调查是对外来入侵生物未发生区（非疫区）和已发生区（疫区）的调查，一般在入侵生物的发生期或其寄主的生长期进行。监测记录的指标依不同类群而有差异，一般需要记录入侵生物的密度（单位面积虫口数量、菌量、植株数等）、发生面积、寄主种类、危害或损失程度等。

非疫区监测调查：依据目的不同分为踏查和系统调查。踏查的目的是了解大面积环境中入侵生物的疫情。对侵染人和动物的疫情可进行大范围的访问调查；对于农作物田间、森林及近邻生境入侵生物可采用适宜的交通工具（如小车、直升机等），沿着适宜的路线，相隔一定的距离（如10km或更远距离）选点进行观察。根据入侵生物的种类不同，在每个生长季节可进行1～4次，选择在适当的生长阶段调查。

非疫区的系统调查：监测小范围内入侵生物的疫情。对于危害人和饲养动物的有害生物，可选择3～6个特定的县（区）的若干个村镇作定期访问或观察；对于入侵农作物田间、森林及邻近生境的有害生物，则选择若干个（5～20个）典型生境点，在每个发生季节定期调查 8~12 次，每次间隔 7 天（10 天或半月）。系统调查的生境点一般设立在机场、车站等枢纽站附近，公路和水路沿线两侧，寄主的主要生长区。

疫区监测调查：入侵生物已发生的疫区调查与一般有害生物的监测调查相同，目的是了解外来入侵生物疫情的严重度和发生动态，以指导其预测和防治。这种监测同样采用踏查和系统调查，踏查可以掌握入侵生物的分布范围，而系统调查则可了解其时间变化动态和危害。

3.4.2.3 监测结果报告

（1）检疫监测结果

经现场和实验室检验后得出检疫检验结果：对没有入侵生物和其他有害生物的货物发放放行许可证；对于检疫不合格产品则执行扣货、退货或现场销毁处理。

（2）环境监测结果

在非疫区若发现入侵生物，需要扩大调查范围，明确其发生分布范围和危害程度，并立即采取措施封锁现场，严防有害生物外传蔓延。疫情经确认后报告有关政府部门，由政府部门根据疫情发生的范围和严重程度发出相应级别的应急响应，会同有关专家制订出"封锁、控制和扑灭"的应急预案和防控技术措施，交由相关技术职能部门实施。

与一般的"病虫测报"结果一样，入侵生物疫区的监测结果要明确入侵物种发生危害的趋势或严重程度，并提出综合防控策略和技术措施，以"疫情情报"的方式发送给有关部门，并公告疫区当地技术人员和农户；他们再根据疫情严重程度实施相应的综合防治策略和措施。

3.4.3 对国内已局部发生的入侵生物风险评估

前面介绍的风险评估原则和过程适用于在国内尚无分布的引进物种或生物品种的风险分析。对于在我国已经发生了入侵的数百种外来物种，它们仅在局部范围内发生危害，在其他广大区域则没有发生分布，对这些入侵生物也需要进行风险评估，以掌握它们传入其他区域的风险预警和风险控制。

对于一种入侵生物扩散的风险评估主要是从入侵生物的传播和其对各地区环境的适生性两大方面来分析。传播风险是指入侵生物可通过自然扩散和人为传播途径入侵新区域的可能性，而适生性分析则是评估该物种传入新区域后生存定殖的可能性。一般而言，入侵生物都具有一定程度的传播扩散能力、环境的适应性、生长繁殖和定殖能力。其中环境适应性是指入侵生物的生长繁殖对不同区域的地质地貌、土壤、植被、温度、湿度、光照、寄主等条件的适应程度。风险评估的结果就是要对这些能力的强弱作出明确的分析划分，由此确定有害生物入侵不同地区（省、自治区、直辖市）的风险级别，即确定入侵的高风险区、一般风险区和非风险区，并发出风险预警及提出各风险区的风险管理措施。

高风险区：该地区距离入侵生物疫区较近，对于入侵生物的自然传播扩散屏障很小，与疫区的人员交流、货物交换、交通运输很密切而频繁，与疫区的生态环境和气候条件很相近，种植（养殖）有大量的寄主植物（动物），有害生物传入后能正常生长繁殖，迅速形成和建立自己的种群。在高风险区对该入侵生物必须进行经常性的严密监测，并采取科学预防措施防止其传入。

一般风险区：该地区离入侵生物的疫区较远（几百至1000km），或具有较大的有害生物自然传播扩散屏障（湖泽、大山、小荒漠等），与疫区或其毗邻区有较多的产品交换、人员流动和交通运输，生态环境和气候环境条件适合入侵生物的生存和繁殖，有大量适合的寄主植物或动物，入侵生物传入后也能较快生长繁殖并建立种群。在该地区也需要进行一定的监测和采取必要的预防措施。

非风险区：与疫区距离相当远（几千千米），或具有明显的自然传播屏障或自然扩散屏障（大荒漠、高山、海洋等），环境和自然气候条件等不适合入侵生物生存繁殖，或没有适合的寄主存在。在非疫区一般不需要进行监测或采取预防控制措施。

3.5 入侵生物的预防与控制

在我国，有不少入侵生物都是近年来才传入的，这些物种大多仅在初入侵地及附近局部区域发生分布。已经有某一入侵生物发生分布的区域称为疫区，该物种尚未入侵的区域称为非疫区。对于同一个外来入侵生物，在疫区和非疫区所采用的防控策略是不相同的，在非疫区使用预防传入与应急防控相结合的策略，而在疫区则采用降低危害的综合控制策略。

3.5.1 入侵生物的非疫区防控

尚未发现某种入侵生物发生分布的地区就是该物种的非疫区。在该区域对该入侵生物的防控主要是以"预防传入与应急防控相结合"的防控技术策略。

3.5.1.1 预防传入

入侵生物的非疫区是该物种还没有入侵的地区，它可通过主动迁移和人为传带而传播扩散到这些地区。因此，对于非疫区是预防入侵生物的人为传入，其主要措施有加强引种管理、动植物检疫和疫情监测几个方面。

（1）加强引种管理

在中国已知的外来有害植物中，超过一半是人为引种的结果。物种引进成为生物入侵的"主渠道"之一。像中国沿海为防风固堤引进的大米草，如今在福建等地已形成危害。

在引种过程中引进生物物种，有些之所以在引进后失去人们的控制，演变为失控的入侵生物，主要是因为人们在引进时没有充分认识它们的生物学和生态学性质及入侵风险，在引进后没有对它们进行有效的管控。因此加强物种引进管理是防范生物入侵的有效途径之一。今后在引进某一特定物种时，首先需要进行充分的研究和论证，掌握其各种生物学和生态学特性；进行详细的风险分析，评估其引进风险；在引进后对其进行较长期的严密监测和管控，防止其逃逸为野生，成为入侵生物。

（2）加强动植物检疫

动植物检疫是一种带有法律法规性质的有害生物控制方法，由专门的检疫机构和人员施行。目前我国进出境检疫主要针对国家检疫对象名单中列出的有害生物种类进行检疫，各省市检疫部门的检疫除了针对国家列出的检疫对象外，还有针对地方列出的"地方检疫对象"。但是，有不少重要的入侵生物既没有被列入我国国家的检疫对象也未被列入地方检疫对象，因此其中有些入侵生物在检疫程序中被忽视，这是很危险的，也是非常值得重视的问题。

（3）加强疫情监测

在非疫区的适当地方建立入侵生物的监测点，对它们开展必要的调查，可以在有害生物入侵之初就能被发现，从而对其及时地采取应急灭除，防止疫情扩散蔓延。所以加强入侵生物的监测也是预防外来生物入侵非疫区的重要措施之一。

3.5.1.2　应急防控

（1）检疫发现的疫情控制

我国严禁从入侵生物疫区调运动植物种苗和产品。对异地调入的物品必须进行严格的检疫检验，在应检物中一旦发现入侵生物，必须直接拒绝商品的进口，或就地进行深埋、杀灭、焚毁等灭除性应急处理。

（2）监测发现的疫情控制

若在环境监测中发现入侵生物，应对其发生范围和程度作进一步详细的调查，适当扩大对附近区域的监测，并立即报告上级行政主管部门和技术部门，同时要及时采取措施封锁发现入侵生物的区域，严防疫情扩散蔓延，然后做进一步应急控制处理。

（3）应急灭除方法

对检疫和监测中发现的入侵生物，必须采取斩草除根和不留后患的完全灭除措施。

① 埋葬。在疫情发生地挖掘深 1.5m 以上的深坑，将检疫检验或环境监测中发现带有入侵生物的寄主或其产品深埋，使入侵有害生物很快被致死；若在港口检疫检验发现被入侵生物污染的商品，可将该商品带到远离海岸的深海直接沉入海底。

② 焚烧。采用火烧毁入侵生物或被其污染的寄主和产品。对可燃性植物及种苗、产品等可直接焚烧，对燃点较高的非可燃性动植物及其产品，可浇洒汽油或乙醇后焚烧。注意焚烧场所需集中，焚烧需彻底。

③ 化学药剂处理。一般在农田、森林等陆地环境监测发现生物入侵疫情时使用。所用的药剂一般为灭生性的铲除剂，其主要包括 4 类：a. 杀虫剂，用于害虫或其他动物；b. 除草剂，用于杂草；c. 杀菌剂，用于病原真菌；d. 抗生素，用于病原细菌。

④ 人工灭害。对于一些动物和植物，可直接人工杀灭或拔除。

⑤ 物理防除。对一些入侵性微生物、昆虫感染的动植物或产品，可采用放射性同位素、超声波或微波等物理方法杀灭。

对农田、撂荒地等生境的疫情，在对入侵有害生物或其寄主施行灭除处理后，还必须对土壤和周围环境进行灭除处理，如土壤消毒、铲除野生寄主等。对水生和圈养动物，除了直接灭除染病动物外，对养殖场所及周围环境也必须进行严格的消毒灭菌处理。在许多情况下，一个地方在发现小面积疫情后，需要反复数次施行铲除技术。

3.5.1.3 应急防控预案

对入侵风险较高的生物，被入侵地区需要对其制定专门的应急防控预案，用于指导该入侵生物的应急防控行动的实施。入侵生物的应急防控预案一般是由农业农村部、自然资源部、生态环境部、海关总署、国家林业和草原局等主管部门建立健全应急处置机制，组织制定相关领域外来入侵生物突发事件应急预案。县级以上地方人民政府有关部门应当组织制定本行政区域相关领域外来入侵生物突发事件应急预案。不同行业（医学、农业、林业等）和不同类别的入侵生物，其应急防控预案的内容可能存在一定的差异。

3.5.2 入侵生物的疫区控制

一个入侵生物的疫区是该生物已经普遍发生和危害的地区，在该地区不能采取非疫区所采用的应急灭除技术，因为广泛发生的有害生物不可能被彻底铲除，或者施行铲除技术成本高昂。所以，疫区入侵生物的控制与一般有害生物的控制技术一样，应采用以减轻或避免危害损失为主要目的的综合治理技术进行控制。

3.5.2.1 综合治理的概念

根据有害因子的发生危害情况，综合协调地选用现有防控技术，安全、经济而有效地将有害生物控制在不会造成明显经济损失，这种控制策略称为有害生物的综合治理（integrated pest management，IPM）。

所谓的"有害因子"主要包括对农作物生产造成损失的所有生物因子，即害虫（含软体动物类）、杂草、病原微生物（真菌、细菌、病毒、线虫等）类、鼠类等，还包括引起动植物疾病的非生物因子，如有毒气体、有毒物质、土壤毒素、旱涝灾害、极端温度等有害环境因子。现有常用的有害生物的防控技术有动植物检疫、应用抗病品种、生态调控、加强生产管理、生物控制、物理防治和使用化学药剂等。

IPM 概念强调只有在有害生物的危害会导致经济损失的前提下才采取治理行动，也就是说，允许环境中或作物上存在一定数量的有害生物，只要它们的种群数量不足以达到经济危害水平，就不必进行防治。另外，IPM 还强调在经济有效控制危害时还必须做到"安全"，其含义一是要保证生产的动植物产品安全（无害）和人畜安全，二是要保证生态环境及有益生物的安全。因此，在农业 IPM 的实践中，要以"预防为主，综合治理"为原则，高度重视抗性品种、栽培措施、有益因子的利用、安全化学药剂综合防治等方面技术的应用，尤其是利用有益微生物和害虫天敌等生物控制因子来控制有害生物，对化学农药的施用采取慎重的态度。化学防治只有在应急或不得不用的情况下才能使用，而且要尽量合理地应用无毒或低毒的化学药剂和正确的药剂使用技术。

农业有害生物综合治理在理论上有三方面含义：第一，有害生物综合治理是以系统论、信息论和灭变论作为理论基础，以生态学的原则作为指导，把有害生物看作是生态系统中的重要组成部分，并认为农业的高产与稳定必须建立在植物与周围的生物和非生物环境之间协调的基础上，保持良好的农业生态系统，不断保护和培养环境资源。农业病虫害的防治不是孤立的，要从农业生态系统的总体出发，在防治措施的选择、运用和协调时，必须考虑生态系统的平衡和稳定。第二，没有一种防治措施是万能的，各种防治措施各有长处，也各有局限性。因此，有害生物综合治理要求各种措施取长补短，协调运用，特别重视自然控制因素的运用，所有人为防治措施应与自然控制相协调。第三，有害生物综合治理是管理系统，它不要求将有害生物彻底消灭，而是要将有害生物的种群数量控制在经济受害允许水平之下。

近年来，国际上还提出了"注重生物的综合治理"概念，即 biointensive integrated pest management（BIPM）。这一概念不仅包含了原有的 IPM 基本内涵，另外还明确指出"IPM 要注重生态环境中的生物多样性"和"实施 IPM 行动需要有预先的规划和准备"。BIPM 中的这两点内涵实际上是更加强调上述 IPM 概念中的"安全经济有效"问题，前者直接强调生态安全，保证生态平衡，后者则说明只有预先计划和准备，才能在必要时适时地、有的放矢地实施治理行动，达到经济有效的治理效果。

3.5.2.2 入侵生物的综合治理技术

综合治理的概念中强调要协调应用现有的防控技术来控制生物入侵的发生和危害。但入侵生物的种类和涉及的行业领域很多，不同的入侵生物在不同的行业需应用不同的防控策略和技术。这里着重介绍农业及环境方面的入侵生物的有关防控技术。

3.5.2.2.1 动植物检疫

动植物检疫是入侵生物疫情监测预警的重要手段，也是非疫区防范入侵生物入侵的有效技术。从实践上说，在疫区入侵生物已经大量发生，使用任何措施都很难或不可能彻底消除疫情，实施检疫措施对控制其危害也没有多大的作用和经济效益，所以不需要实施检疫控制措施。检疫技术只能在有害生物的非疫区使用。

但是，在疫区需要实施"产地检疫"，即在疫区的产品或货物出口前进行入侵生物或其他有害生物的检疫检验，若经检验发现疫情便即刻终止有关产品出境，从而避免当地有害生物疫情扩散至其他地区，还可避免出口产品到达输入地口岸时被检疫发现带有有害生物而遭退货或销毁带来的经济损失。

3.5.2.2.2　使用抗病品种

利用抗病品种是防治有害生物最经济、简便、安全和有效的方法之一。对于大多数入侵病原物，抗病品种可以非常有效地控制它们所引起的病害，如在农业生产中仅使用抗病品种就能基本上避免病原物的侵染，不需要再采取其他的治理措施。利用抗病品种，不仅可以有效控制入侵生物的侵袭，还可降低施药或其他方法防治病害带来的经济成本，并避免化学有毒物质污染自然环境和在农产品中的残留。

由于抗病品种的种植，原有的优势小种被抑制，原来处于劣势的生理小种中的某些种群便迅速增殖，几年以后便可能累积成为新的优势小种，使品种原有的抗病性丧失。因此，在生产中不能长时间使用同一个抗病品种，一般应在3~5年进行品种轮换使用，以防止病害的突发性流行。

通过嫁接利用植物抗性也是控制一些病害的有效方法。例如，在对根结线虫抗性较强的南瓜苗上嫁接黄瓜，能够控制黄瓜根结线虫病。用抗病性很强的枳壳作砧木和柑橘枝条作接穗进行嫁接后获得的柑橘苗，在田间可以终身抵抗根腐病的侵染。

现代农业中使用的抗虫作物多为转基因抗虫品种，如抗棉铃虫的转基因棉花、抗菜青虫的转基因白菜、抗玉米螟的转基因玉米及抗飞虱的转基因水稻等，都具有非常好的控制害虫和增产效果，部分品种已在世界各地得到了广泛应用。我国近年来在抗马铃薯甲虫转基因植物研究方面已取得了突破性进展，获得的抗虫品系已被批准在新疆进入田间小区测试，并且抗虫效果很好。

在动物养殖业生产中，有许多鱼类和家畜家禽品种对病原物的抗性也很强，养殖这些抗病品种也能控制疾病的发生，从而避免经济损失和稳定动物生产。

3.5.2.2.3　人工防除

人工防除是控制某些入侵生物常用的有效方法。例如，空心莲子草、黄顶菊、紫茎泽兰和假高粱等入侵植物，都可以通过人工拔除或机械铲除得以有效控制。对于我国许多江河湖泽生境中的水葫芦，化学防除等方法都不可用，现在主要是通过人工定期打捞控制。对于稻田和其他水生作物田间发生的福寿螺，通过人工摘除其卵块可以大量减少幼螺的数量，从而减轻其危害。黄顶菊瘦果极小，萌发时子叶出土，如果将其深埋，则可以防止大量出苗；在早春土壤解冻后进行土壤深翻，将黄顶菊种子深埋入土，翻耕深度为5cm以上，可以明显抑制黄顶菊种子的萌发，对防除杂草危害有显著效果。黄顶菊苗期喜欢温暖湿润的环境，最先萌发的往往是湿润田边或沟坡下部的黄顶菊种子，如果在干旱路边或弃荒地，往往于雨后萌发，如遇干旱，幼苗会大量死亡。因此，苗期防除是最佳时期，此时进行人工除草效果很好。秋季是黄顶菊植株枯萎的季节，也是黄顶菊瘦果成熟的季节，可以在较干旱的天气集中其植物体进行焚烧，这样就能收到很好的防治效果。需要指出的是，通过人工拔除的入侵生物或其寄主的残体，不能直接抛掷于原来的田间或生境内，需要带出集中销毁。

3.5.2.2.4 加强寄主动植物的管理

农牧业生产中受不同入侵生物侵袭的寄主有作物、家畜家禽和鱼类等，通过加强作物栽培和动物养殖管理，造成有利于作物和动物而不利于入侵生物的生存环境，使作物和动物正常健康生长繁殖，有利于增强它们对入侵生物的抗性。通过加强动植物的生产管理措施来控制有害生物称为农业防治（agricultural control）。就农作物而言，农业防治包括实行不同作物的间套作和轮作、培育无病虫健康种苗、田园或果园清洁、适期播种或栽插、地膜覆盖、合理密植、适时中耕除草、合理施肥和排灌水、适时修剪、适期收获等措施。

3.5.2.2.5 生物控制

在生态系统中，存在着以有害生物为食的有益生物种类。生物控制就是利用这些有益生物来控制有害生物。对于入侵生物的生物控制有三种基本策略。其一是促进本地生防因子，采用一些生态调控方法促进本地环境存在的有益微生物或天敌的生长繁殖，从而抑制有害生物的种群量和危害；其二是从外地引入生防因子。一般是从入侵生物的原产地引进具有生防作用的天敌或生防菌，到本地释放，并让其在释放区内自然生长定殖下来，以控制该入侵生物。其三是扩繁释放，即通过室内饲养获得足够天敌，在害虫或杂草的适当的生育期释放，或者通过生物发酵批量生产生防菌菌剂，像化学药剂一样施用到环境中，致死环境中的害虫、杂草或病原菌。根据生防因子和防治对象的不同，生物防治技术有以下几种。

（1）以动物治害技术

利用自然界有益昆虫和人工释放的昆虫来控制害虫的危害。现已研究的害虫控制因子有寄生性天敌，如寄生蜂、寄生蝇、斯氏线虫、微孢子虫等；捕食性天敌，如瓢虫、草蛉、猎蝽、蜘蛛等，最成功的是人工释放赤眼蜂防治玉米螟技术。还有一些食草昆虫，如叶甲和跳甲等，可用于防治入侵杂草；在稻田养鸭可以控制福寿螺；放养食草动物（牛羊鸡鸭等）也可在一定程度上控制有害植物。

（2）以菌治害技术

利用自然界微生物来消灭有害生物的方法。迄今研究较深入的杀虫微生物，有苏云金芽孢杆菌、白僵菌、绿僵菌、颗粒体病毒、核型多角体病毒等，其中白僵菌和苏云金芽孢杆菌制剂已在生产中被广泛地应用；主要的病原菌的拮抗菌有链霉菌、木霉、青霉、枯草芽孢杆菌和假单胞杆菌等，它们在生物防治的实践中都不同程度地得到了应用；对某些杂草具有致病杀伤作用的病原菌主要有镰刀菌（*Fusarium* spp.）、炭疽菌（*Colletotrichum* spp.）、链格孢菌（*Alternaria* spp.）等。这些对有害生物具有致病杀伤作用的微生物称为生防菌。在应用中一般是通过对生防菌的发酵生产大量的菌体，直接由菌体配制成生物农药（如 Bt 制剂、枯草芽孢菌制剂、鲁保 1 号等），或用从菌体中直接提取有效化合物、或通过仿生合成来生产生物源农药（如除虫菊酯、阿维菌素、链霉素、青霉素、武夷菌素、丁草胺等）。

（3）性信息素治虫技术

即用同类昆虫的雌（雄）性信息素来诱杀害虫的雄（雌）虫。现已较广泛应用的有玉米螟性引诱剂、小菜蛾性引诱剂等。

（4）植物源药剂技术

有些植物中含有杀虫杀菌活性或诱导活性化合物，直接从植物中提取这些化合物，或通过仿生合成这些化合物，配制成特定的药剂，在有害生物的适宜生育期施用，以毒杀或诱杀有害生物。

（5）生化农药技术

其以昆虫生长调节剂产品为主，随着国外新品种的引进和推广，国内有关科研单位和企业也相继研究开发了一些新的生化农药品种，如灭霜素、菌毒杀星、氟幼灵、杀铃脲等。

（6）替代控制技术

这也是一种生物防治技术，一般是利用具有竞争优势的植物来替代有害植物，该技术在外来入侵杂草的控制中已较广泛地应用。例如，张国良等根据黄顶菊生长的不同生境与不同植物的生物学特性差异，进行合理组合，并设置不同的替代植物密度梯度及不同施肥处理，设置试验区，定期测量黄顶菊与替代植物的各项生理与生态指标，从中筛选出了向日葵和苜蓿、向日葵和高羊茅、向日葵和黑麦草，以及紫穗槐、一年生黑麦草和苜蓿等几种具有良好生态控制效果的植物及植物组合，以控制黄顶菊蔓延危害，取得了理想的效果；在贵州，紫茎泽兰人工铲除或化学除草后种植多花黑麦草、红三叶草和狗牙根等牧草，收到了很好的替代控制效果。

利用生防因子控制有害生物具有作物产品无化学残留和保护环境的优点，但有的技术对有害生物的防治效果比较缓慢。因此，在实践中一般将生物防治与化学防治等技术结合使用，这样也可大大降低化学药剂的使用，减轻环境污染。

（7）转基因抗病虫技术

这实际上也是一种生物防治技术，因为转基因抗病虫作物中的有效基因一般都来源于生物，如当今已成功培养出的抗虫水稻、抗虫棉花、抗虫玉米、抗虫马铃薯等作物新品种的杀虫基因都是从苏云金芽孢杆菌中克隆获得的。

3.5.2.2.6　物理防治

物理防治是利用有关物理学因素（如光、热、电、温度、湿度、放射能、声波等）来防治有害生物的措施。每一种有害生物都有特定的物理学特性，对温度、颜色、射线等物理因子有一定的适应性或敏感范围，根据它们的物理学特性或用超出其可忍耐的因子处理就可能灭除有害生物。

（1）极端温度处理

用高温处理来杀死作物种子、温室土壤中潜伏的害虫、病原物和杂草种子等，一般50℃可以杀死线虫、卵菌和水霉，60～72℃可以杀死多数病原真菌、细菌、寄生虫、蜗牛和蛞蝓等，而杀死病毒则需要高达95～100℃的高温。在生产中常用晒种、温汤浸种杀灭种子中的病虫，用高温蒸汽杀灭潜藏于木材和竹器等材料中的有害生物。用低温冷藏处理来灭除有害生物或抑制物品中的有害生物生长，常用4℃来保存作物种子、食品、新鲜瓜果蔬菜和花卉等，在此条件下，保存时间内有害生物不能生长，储藏品不会变质。

（2）特殊的光照和射线等处理

许多害虫都有趋光性或嗜好特殊的颜色，在实践中常在农田、森林和其他生境安置黑光灯来诱杀害虫成虫。蚜虫等对黄色有特殊的嗜好，所以在温室或田间放置黄色的黏胶板可以诱杀这类害虫；用放射性同位素、超声波或微波处理物品，可杀灭物品中潜藏的多种有害生物。在实践中，某些地方专门建立了较大型的辐照处理场，常年可处理大批量的各种物品。经放射处理后的新鲜瓜果、薯块等农产品可延长储藏期，反季节销售可大幅度提高产品价格，同时改善人们的生活。用辐射处理的食品、肉类和烟草等可延长其储藏期而不变质，经放射处理后的竹木材及制品、衣物、纸张等可延长使用寿命。

（3）物理汰除

一般作物种子和有害生物的比重差异很大，根据这种差异，常用盐水或泥浆水漂浮和风力等方法来汰除作物种子中的害虫虫体、杂草种子和病粒瘪粒，可有效地延长种子的保存期和减轻它们对下一季田间作物的侵袭和危害。

3.5.2.2.7　化学防治

化学防治法是使用化学药剂防治有害生物的方法。在农业和环境中所使用的化学药剂一般统称为农药。农药具有高效、速效、使用方便、经济效益高等优点，但使用不当可对植物产生药害，引起人畜中毒、杀伤有益微生物和天敌、导致有害生物产生抗药性，农药的高残留还可造成环境污染。当前化学防治是防治植物病虫草害的关键措施，在面临疫情大发生的紧急时刻，甚至是唯一有效的措施。19世纪以前，中国民间一直沿用矿物（砒石、雄黄、石灰等）和杀虫植物（烟草、除虫菊、鱼藤等）防治植物病虫害。据记载，在周代就用药草熏蒸、撒石灰和草木灰等方法防治害虫。但当时使用的方法都较简单，防治病虫的种类也少。当前应用的农药主要有杀虫剂、除草剂、杀菌剂和杀线虫剂，病毒抑制剂也在积极开发中。为了充分发挥化学防治的优点，减轻其不良作用，应恰当地选择农药种类和剂型，采用适宜的施药方法，合理使用农药。

（1）化学防治的原理

化学防治是利用农药的生物活性，将有害生物种群或群体密度压低到经济损失允许水平以下。农药的生物活性表现在4个方面。

①对有害生物的杀伤作用，是化学防治速效性的物质基础。如杀虫剂中的神经毒剂在接触虫体后可使之迅速中毒致死；用杀菌剂进行种苗和土壤消毒，可使病原菌被杀灭或被抑制；喷洒触杀性除草剂可很快使杂草枯死；施用速效性杀鼠剂可在很短时间内使鼠中毒死亡等。

②对有害生物生长发育的抑制或调节作用。有些农药能干扰或阻断生命活动中某一生

理过程，使之丧失危害或繁殖的能力。如灭幼脲类杀虫剂能抑制害虫表皮层的内层几丁质骨化过程，使之死于脱皮障碍；化学不育剂作用于生殖系统，可使害虫、害鼠丧失繁殖能力；早熟素能阻止保幼激素的合成、释放，或起破坏作用，使幼虫提前进入成虫期，雌虫丧失生殖能力；异稻瘟净和克瘟散能抑制稻瘟病菌菌丝体细胞壁甲壳质的形成，使之不能侵染作物；波尔多液能抑制多种病原菌孢子萌发；多菌灵能抑制多种病原菌分生孢子和水稻纹枯病菌菌核的形成和萌发；2,4-D类除草剂可抑制多种双子叶植物的光合作用，使植株畸形、叶片萎缩，从而致死等。

③ 对有害生物行为的调节作用。有些农药能调节有害生物的觅食、交配、产卵、集结、扩散等行为，使之处于不利的情况而导致种群逐渐衰竭。如拒食剂使害虫、害鼠停止取食；驱避剂迫使害虫远离作物；报警激素使蚜虫分散逃逸；诱食剂与毒杀性农药混用可引诱害虫、鼠类取食而中毒死亡；性信息素（性引诱剂）可诱集雄性昆虫，干扰其与自然种群的交配，从而影响正常繁衍。

④ 增强作物抵抗有害生物的能力。包括改变作物的组织结构或生长情况，以及影响作物代谢过程。如用赤霉素浸种，加速小麦出苗，可避开被小麦光腥黑穗病菌侵染的时期；用DL-苯基丙氨酸诱发苹果树产生根皮素，可增强多元酚氧化酶的活性，从而产生对黑星病的抗性；利用化学药剂诱发作物产生或释放某种物质，可增强自身抵抗力或进行自卫等。

（2）使用化学防治的原则

随着生活质量的提高，人们越来越关注使用农药后食品安全、生态安全和环境安全问题。在制订有害生物化学防治的策略时，需要考虑各种有害生物的特征、化学药剂的毒性和理化性质，还必须考虑药剂与防治对象物种的相互作用。另外，连续使用某种高效农药，也极易导致害虫、病菌和杂草产生抗药性，难以保证化学防治的持续有效性。所以，化学防治必须与生态及生物控制、栽培（养殖）实践技术配合使用。其基本原则是，优先使用抗性品种、合理的作物栽培管理和动物养殖管理技术、生物防治等"绿色"防控技术，只有在应急的情况和其他措施都无法达到经济有效的防控效果时才能使用，而且要做到科学合理地应用。所谓"科学合理"，就是要对有害生物种类作出准确的诊断鉴定，针对性地选择有效药剂，采用适合的浓度（剂量）和安全的使用方法，在适当的时间和适合的天气条件下安全施药。

（3）化学农药的类型

农药的种类繁多，常用的有3种分类方法。a. 根据作用对象分为杀虫剂、杀菌剂、除草剂、灭鼠剂、杀螨剂等。b. 根据毒性作用和进入有害生物体的途径分为触杀剂、胃毒剂、内吸剂、熏蒸剂、驱避剂、引诱剂等。为便于运输储藏、使用和发挥药效，各类农药都可能被加工成粉剂、水剂、乳剂、微乳剂、颗粒剂和片剂等剂型。c. 根据化学物质类型分为有机磷、有机氟、有机氯、菊酯、烟碱等类型。在入侵生物的防治中一定要使用适当类型和剂型的农药，以保证理想的防治效果。

（4）化学防治中农药的使用方法

在使用农药时，需根据药剂、作物与病害特点选择施药方法，以充分发挥药效，避免药害，尽量减少对环境的不良影响。化学药剂的施用方法主要有以下几种。

① 喷雾法。利用喷雾器械将药液雾化后均匀喷在植物和有害生物表面，按用液量不同又分为常量喷雾（雾滴直径 $100\sim200\mu m$）、低容量喷雾（雾滴直径 $50\sim100\mu m$）和超低容量喷雾（雾滴直径 $15\sim50\mu m$）。农田多用常量和低容量喷雾，两者所用农药剂型均为乳油、可湿性粉剂、可溶性粉剂、水剂和悬浮剂（胶悬剂）等，兑水配成规定浓度的药液喷雾。常量喷雾所用药液浓度较低，用液量较多；低容量喷雾所用药液浓度较高，用量较少（为常量喷雾的 $1/20\sim1/10$），工效高，但雾滴易受风力吹送飘移。

② 喷粉法。利用喷粉器械喷撒粉剂的方法称为喷粉法。该法工作效率高，不受水源限制，适用于大面积防治。缺点是耗药量大，易受风的影响，散布不易均匀，粉剂在茎叶上黏着性差。

③ 种子处理。常用的有拌种法、浸种法、闷种法和应用种衣剂。种子处理可以防治种传病害，并保护种苗免受土壤中病原物侵染，用内吸剂处理种子还可防治地上部病害和害虫。拌种剂（粉剂）和可湿性粉剂用干拌法拌种；乳剂和水剂等液体药剂可用湿拌法，即加水稀释后，喷布在干种子上，拌和均匀。浸种法是用药液浸泡种子。闷种法是用少量药液喷拌种子后堆闷一段时间再播种。利用种衣剂作为种子包衣，药剂可缓慢释放，有效期延长。

④ 土壤处理。在播种前将药剂施于土壤中，主要防治植物根部病害，土表处理是用喷雾、喷粉、撒毒土等方法将药剂全面施于土壤表面，再翻混到土壤中；深层施药是施药后再深翻或用器械直接将药剂施于较深土层。生长期也用撒施法、泼浇法施药。撒施法是将药剂的颗粒剂或毒土直接撒布在植株根部周围。毒土是将乳剂、可湿性粉剂、水剂或粉剂与具有一定湿度的细土按一定比例混匀制成的。撒施法施药后应灌水，以便药剂渗滤到土壤中。泼浇法是将杀菌剂加水稀释后泼浇于植株基部。

⑤ 熏蒸法。用熏蒸剂的有毒气体在密闭或半密闭设施中杀灭害虫或病原物的方法。有的熏蒸剂还可用于土壤熏蒸，即用土壤注射器或土壤消毒机将液态熏蒸剂注入土壤内，在土壤中成气体扩散。土壤熏蒸后需按规定等待一段较长时间，待药剂充分散发后才能播种，否则易产生药害。

⑥ 烟雾法。指利用烟剂或雾剂防治病害的方法。烟剂系农药的固体微粒（直径 $0.001\sim0.1\mu m$）分散在空气中起作用，雾剂系农药的小液滴分散在空气中起作用。施药时用物理加热法或化学加热法引燃烟雾剂。烟雾法施药扩散能力强，只在密闭的温室、塑料大棚和隐蔽的森林中应用。

⑦ 其他方法。除前述方法外，农药的使用有时还可用涂抹法、洗果法、蘸根法、树体注射法、仓库及器具消毒法等。

（5）化学农药的安全使用

有害生物的化学防治是综合治理的技术之一，其必须与其他治理技术配合协调使用。但是，在我国很多地方，特别是农业欠发达地区，基本上将农药作为有害生物防治唯一的手段。在农业生产实践中化学农药大量使用的现象非常严重，由于使用方法不当，在农业生产中造成了一些严重的负面影响。一是农药在喷施过程中大量流失和飘移，对农业生态环境造成了严重的污染；二是施用农药品种不对路，引起作物产生药害造成减产和品质下降；三是剧毒农药的使用，在粮食特别是蔬菜果品中大量残留，对人们的生活和健康造成了不良影响；四是农民使用方法不正确，人畜中毒事故时有发生。因此如何科学、合理、安全地使用化学农药，减少使用化学农药造成的危害，是当前和今后我国很多地方农业生产迫切需要解决的重要问题。根据使用化学防治的基本原则和我国很多地方现存的问题，提出以下安全用药要点。

① 确定防治对象，对症下药。当田间出现危害时，首先要根据危害特征和症状作出准确的诊断鉴定，确定发生的害虫、病害或草害种类，再针对性选择合适的杀虫剂、杀菌剂、除草剂或杀螨剂等。

② 选用适合的农药品种，掌握适宜的浓度和防治时期，提高防治效果。不同作物或一种作物中的不同品种对农药的敏感性有差异，如果把某种农药施用在敏感的作物或品种上就会出现药害。如乙草胺可广泛用于番茄、辣椒、茄子、大白菜、芹菜、萝卜、葱、蒜等多种蔬菜，但对黄瓜、菠菜、韭菜使用易发生药害，因此选用适合的农药品种十分关键。在选定防治药剂后，还要根据作物的生长期和病虫害发生程度，掌握最佳的防治时期，并严格按照农药包装上注明的使用浓度进行科学配制。

③ 使用性能优良的施药器械是提高农药利用率的最有效途径。施药器械性能的好坏，与农药的雾化程度的高低成正比，与农药的流失和飘移量成反比，施药器械性能优良，农药的雾化程度就高，农药的流失和飘移量较少，提高了农药利用率，减少了农药的使用量。

④ 把握喷药时间，注意天气条件。大雾、大风和下雨天在田间喷施农药，会造成农药大量流失和飘移，并容易发生人员中毒事故，是绝对不允许的。气温太高的天气，水分容易蒸发，喷到作物上的农药浓度增加，会引起作物药害发生，也不宜喷药。喷施农药的最佳时间是每天的清晨和傍晚，地表气温比较稳定，农药可直接均匀地喷洒到作物上。

⑤ 及时清洗施药器械，减少作物药害发生。盛装过农药的量杯、容器和喷雾器，必须经水洗后，用热碱水或热肥皂水洗 2～3 次，然后再用清水洗净，才能用来盛装其他农药或喷施别的作物，否则，很容易造成药害，除草剂的喷雾器最好专用。

⑥ 杜绝使用国家已禁用的高毒农药。目前国家已经明确禁止生产和使用的农药品种有敌枯双、二溴氯丙烷、普特丹、培福朗、18%蝇毒磷粉剂、六六六、滴滴涕、艾氏剂、狄氏剂、二溴乙烷、杀虫脒、氟乙酰胺、氟乙酸钠、毒鼠强、毒鼠硅和除草醚等剧毒农药。规定甲拌磷、对硫磷、甲基对硫磷、内吸磷、治螟磷、杀螟威、久效磷、磷胺、甲胺磷、氧化乐果、克百威（呋喃丹）、灭多威、异丙磷、三硫磷、水胺硫磷、甲基异硫磷、地虫硫磷、五氯酚、磷化锌、磷化铝、氯化苦等药剂不得在蔬菜、果树、茶树和中药材上使用，也不得用于防治卫生害虫和人畜皮肤病。

根据上述农药使用原则和安全用药要点，为了指导农民安全使用农药，各地农业部门尤其是植保部门应切实执行农药安全使用措施，确保农业生产安全、农产品质量安全、施药者人身安全和农业生态环境安全。一是要切实加强科学安全用药宣传培训与技术指导工作，针对农村和农民的现实状况，多渠道、多形式地广泛开展农药安全使用技术的宣传培训工作，有针对性地宣传安全用药的相关知识，提高农药安全使用技术的普及。二是要大力推进农作物病虫害专业化统防统治，近年实践证明，专业化统防统治不仅可提高防治效果，还可有效减少农药使用量，减轻对环境的污染，提高农产品品质。各地要加大专业化统防统治推广应用的工作力度，促进专业化统防统治快速发展。三是要大力推广绿色防控技术，减少化学农药的使用量。针对我国农药用量大、病虫抗药性日益突出等问题，各地要积极推广绿色防控技术，减少化学农药的使用量，减轻化学农药带来的负面影响。提倡一手抓生物农药的推广应用，一手抓因地制宜采用物理、生物、农业等非化学防治措施进行科学防控。四是要认真做好高效、安全农药品种推广应用工作，引导农民使用高效、低毒和低残留的农药品种，使农民在有害生物的防治上不失时、不失误。五是要大力推广和普及先进的农药使用技术，把先进的农药使用技术普及到田间地头，指导农民适时、适量、科学合理使用农药，从根本上解决"用好药、少用药"的问题。六是要注重引进和推广新型先进施药机械，加速实现植保机械的更新换代。各级植保部门要继续引导农民更新使用新型植保机械，积极向专业化统防统治服务组织推荐施药质量好、作业效率高、劳动强度低的植保机械，减少农药在使用过程中的"跑、冒、滴、漏"，提高农药利用率，保护施药者安全，减少农药对环境的污染，确保农药安全使用工作取得实效。

最后，要广泛普及农药安全知识，增强人们对农药的安全意识。农药必须在将要使用时才能根据实际需要量购买，不能在农户家里较长时间存放，购回的农药必须有明显的标记，且存放在小孩不可及的安全之处，这样既可以保证药效不过期，也可避免误服或有意服用农药的安全事件；老弱病残和身体不适者抵抗能力低下，呼吸农药后容易中毒，所以不能从事施药行动；农药使用时必须严格安全操作，施药时要戴手套、口罩和穿防护服，施药后要及时脱去防护面具，并洗手或洗澡，尽可能不要让药液接触皮肤；不要将喷雾器和装农药的瓶子等直接在鱼塘或沟渠内冲洗，洗涤的药水也不要直接倒入沟渠和鱼塘，以免造成水体污染和鱼类中毒死亡；更不要用装农药的瓶子等盛装食用油、酱油和醋等食品。总之，农药安全是事关人们健康和生命安全的重要问题，应当引起我们各方面的充分重视。

3.5.3　我国应对生物入侵的策略

目前，生物入侵作为全球性问题已经引起世界各国和国际组织的广泛关注，我国应提升对入侵生物的防御能力及综合治理能力。如在有充分科学依据的情况下，为保护生产安全和国家安全，可以设置一些技术壁垒，以阻止有害生物的入侵。

近年来，国家从科学研究方面对生物入侵的研究给予了一定的支持，但是相比较其他很多研究领域，国家有关部门对生物入侵领域研究的支持还是非常有限的。就目前的状况来看，我国在生物入侵领域的研究和入侵生物的防控方面与发达国家相比，还是有一定的差距。

因此，我国在防范外来生物入侵方面现阶段需要采取的策略是：加强对生物入侵的研究，以弄清重大入侵生物在我国发生危害和成灾的规律，建立切实可行的监测预警技术和持续有效的防控技术；建立具有特定权职的入侵生物专门管理机构，负责制订相关政策、审批和技术咨询，统一协调重大入侵生物防控行动的实施；加强对生物入侵方面宣传，增强政府部门和社会各方面的共识，使全民了解入侵生物的知识和政策法规，自觉防范生物入侵；建立完善生物入侵的风险评估体系、疫情监测预警体系、物种引进的标准体系和跟踪制度，以及持续有效的防控技术体系。

思考题

1. 什么叫做生物入侵？简述生物入侵的基本过程。

2. 简述生物入侵的模式与机制。

3. 自然扩散、无意引入、有意引入包括哪些途径及具有哪些特点？

4. 新型传入模式如何影响生物入侵？

5. 简述我国生物入侵的发生现状，举例说明入侵我国的重要物种。

6. 简述生物入侵对环境的危害，举例说明。

7. 简述制订一种外来入侵生物风险评估标准应遵循的原则及主要步骤。

8. 如何对入侵生物进行监测？

9. 如何对国内已局部发生的入侵生物进行风险评估？

10. 如何对入侵生物进行预防和控制？

11. 入侵生物的风险来源于哪几方面的因素？

12. 在疫区和非疫区对入侵生物的防控策略相同吗？为什么？

4

微生物安全与环境

4.1 微生物定义及特点

微生物是一切肉眼看不见或看不清楚的微小生物的总称，它们是一些个体微小、构造简单的低等生物。微生物包括细菌、真菌以及一些小型的原生生物、显微藻类等在内的一大类生物群体以及病毒。

微生物特点为体积小，面积大；吸收多，转化快；容易培养，生长旺，繁殖快；适应性强，易变异；分布广，种类多。其中最基本的特点是体积小，面积大。

4.2 微生物的危害

4.2.1 细菌的危害

4.2.1.1 葡萄球菌

食品中的致病葡萄球菌（*Staphylococcus*）主要是金黄色葡萄球菌（*S. aureus*）和表皮葡萄球菌（*S. epidermidis*），其中以金黄色葡萄球菌的致病能力最强。金黄色葡萄球菌是一种兼性菌，球形、无芽孢、无鞭毛、革兰氏阳性菌。在水分、蛋白质和淀粉含量较丰富的食品中极易繁殖并产生大量肠毒素，从而引起胃肠道发炎，俗称胃肠炎。金黄色葡萄球菌食物中毒可引起恶心、呕吐、腹部痉挛、水性或血性腹泻和发烧。虽然这类食物中毒很少致死，但是患者的中枢神经系统将会受到影响。也有关于金黄色葡萄球菌食物中毒致死的报道，其主要原因是患者同时患有其他疾病，食物中毒导致其病情加重所致。

人类和动物是金黄色葡萄球菌的主要宿主，50%健康人的鼻腔、咽喉、头发、皮肤上都能发现其存在。该菌可存在于空气、灰尘、污水以及食品加工设备的表面，是最常见的化脓性球菌之一。可能引起金黄色葡萄球菌食物中毒的食品主要是各种动物性食品（如肉、奶、蛋、鱼及其制品）。此外，凉粉、剩饭、米酒等都曾引起金黄色葡萄球菌食物中毒。

（1）金黄色葡萄球菌特性

① 金黄色葡萄球菌的生长温度为6.5～46℃，最适生长温度为30～37℃，产毒素最适温度为21～37℃。如果食品被金黄色葡萄球菌污染，只要在25～30℃下放置5～10h就能产生足以引起中毒的肠毒素。

② 金黄色葡萄球菌能在含水量极少的食品（水分活度为0.86，含盐量为18%）上生长，也能在冰冻环境下生存。

③ 在水分、蛋白质和淀粉含量较多的食品中，金黄色葡萄球菌极易繁殖，且产生较多的肠毒素。

④ 在适宜的温度和较高的污染程度下，虽然食品中存在的金黄色葡萄球菌已经繁殖到足以引起食物中毒的数量，但是食品的颜色、风味和气味都不一定能直观感受到变化。

⑤ 金黄色葡萄球菌需要在80℃下热处理30min才能将其杀死。

⑥ 金黄色葡萄球菌产生的肠毒素属可溶性蛋白质，具有耐热性，并且不受胰蛋白酶的影响。据报道，肠毒素需要在131℃下加热30min后才能被破坏。因此，大部分食物的蒸煮时间和温度都不能破坏肠毒素。

（2）食品在制造、运输、销售、食用过程中，如果不注意卫生操作和科学管理，很容易产生金黄色葡萄球菌危害。这类危害常通过化脓性炎症的病人或带菌者在接触食品时传播，因此，预防金黄色葡萄球菌食物中毒的主要措施为保持良好的个人卫生；减少食品处于该菌生长温度下的时间，特别要注意减少加热后半成品的积压时间。

4.2.1.2　沙门氏菌属

沙门氏菌属（Salmonella）属肠杆菌科，为具有鞭毛、能运动、不产孢子、革兰氏阴性、卵形的兼性杆菌。菌型繁多，至少有67种O抗原型和2000个以上的血清型。根据沙门氏菌的传染范围可将其分成三个类群。

① 专门引起人类发病的沙门氏菌：伤寒沙门氏菌（Salmonella typhi）、甲型副伤寒沙门氏菌（S. para-typhi A）、乙型副伤寒沙门氏菌（S. para-typhi B）、丙型副伤寒沙门氏菌（S. para-typhi C）。导致人类患肠热症的常见细菌是伤寒沙门氏菌和乙型副伤寒沙门氏菌，故这一类群又称为肠热症菌群。

② 对哺乳动物和鸟类有致病性，并能引起人类食物中毒的沙门氏菌。从中毒病人排泄物中分离到的菌种有鼠伤寒沙门氏菌（S. typhimurium）、猪霍乱沙门氏菌

（*S. choleraesuis*）、鸭沙门氏菌（*S. anatis*）等菌型，这类菌群称为食物中毒菌群。

③ 只能使动物致病，很少传染于人，不过在导致人类疾病的菌群中也有发现，并且在发展之中的一类沙门氏菌群。例如，鸡沙门氏菌和鸡白痢沙门氏菌，有时也会导致人类发生胃肠炎。

一般认为，由沙门氏菌导致的食源性疾病是一种食物感染，因为它是由摄入沙门氏菌的活菌而引起的。食入活菌的数量越多，导致疾病的机会就越大，对正常人群而言，摄入约 10^6 个沙门氏菌才会引起感染。沙门氏菌能产生内毒素（毒素留在细菌细胞体内）而使感染者致病。沙门氏菌感染的常见症状有恶心、呕吐、腹部痉挛和发烧，这些症状可能是由内毒素对肠道壁的刺激引起的。一般说来，从摄入沙门氏菌到出现症状的时间间隔比葡萄球菌食物中毒出现症状的时间间隔长。沙门氏菌的致死率也很低，多数死亡发生在婴儿、老人或因患有其他疾病而身体虚弱者。据报道，艾滋病患者非常容易患这种食源性疾病，因此，沙门氏菌对这类患者特别有害。

4.2.1.3 产气荚膜梭菌

产气荚膜梭菌（*Clostridium perfringens*）是一种厌氧、革兰氏阳性、杆状产孢菌，在生长过程中产生一系列外毒素和气体。根据产生外毒素的种类差别，可将产气荚膜梭菌分为 A、B、C、D、E 五种类型。与沙门氏菌相似，只有摄入大量活细菌才会引起食源性疾病。其症状是恶心、偶尔呕吐、腹泻和腹部疼痛。

产气荚膜梭菌广泛存在于人和动物粪便、空气、灰尘、土壤、垃圾和污水中。例如，A 型产气荚膜梭菌在健康人粪便中的检出率为 2.2%～22%，在肠道病患者粪便中的检出率为 21%～63%，动物粪便中的检出率为 1.7%～18.4%，土壤、污水中的检出率为 50%～56%。引起这类食物中毒的食品主要是动物性食品。科学家已经从许多食品中，特别是家禽和海产品中分离出这些微生物。在煮熟后缓慢冷却或食用前有较长贮存期的肉中，这类微生物的数量也比较高。

产气荚膜梭菌具有以下特性。

① 生长温度为 10～50℃，最适生长温度为 43～47℃，适宜生长的 pH 在 5.5～8.0。

② 繁殖速度快。在营养丰富的培养基上 8～10min 便可繁殖一代，是目前已知生长最快的细菌。

③ 对营养要求严格，生长时需要 14 种氨基酸和 5 种维生素。

④ 基质中食盐的浓度达 5% 时便可抑制其生长。

⑤ 不同产气荚膜梭菌菌种所产生的孢子有不同的耐热性。有些孢子在 100℃ 下经几分钟就死亡，而有些孢子在此温度下则需要 1～4h 才能完全破坏。例如，A 型产气荚膜梭菌多为耐热的厌氧菌。

4.2.1.4　肉毒梭状芽孢杆菌

肉毒梭状芽孢杆菌又称肉毒梭菌，是一种革兰氏阳性粗短杆菌，有鞭毛、无荚膜。产生芽孢，芽孢为卵圆形，位于菌体的次极端或中央，芽孢大于菌体的横径，所以产生芽孢的细菌呈现梭状。在适宜条件下，这类细菌能产生一种毒性极强的神经毒素（在人类已知的生物毒素中居第二位），导致肉毒梭菌食物中毒。其中毒症状有腹泻、呕吐、腹痛、恶心和虚脱，吞咽、语言、呼吸和协调性的损害，头晕及视物模糊。严重时呼吸道肌肉麻痹并导致死亡。据统计，肉毒梭菌食物中毒病例中约有 60% 因呼吸衰竭而死亡。

肉毒梭菌广泛存在于自然环境中。科学家曾经从土壤、水、蔬菜、肉、乳制品、海洋沉积物、鱼类肠道、蟹与贝类的腮和内脏中分离出肉毒梭菌。目前已发现 8 种肉毒梭菌。

肉毒梭菌具有以下特性。

① 肉毒梭菌属中温菌，其生长温度为 15～55℃，最适生长温度为 25～37℃，最适产毒温度为 20～35℃，最适生长 pH 为 6.0～8.2，适宜生长的水分活度≥0.9，低盐。当 pH 小于 4.5 或大于 9.0 时，或环境温度低于 15℃ 或高于 55℃ 时，肉毒梭菌芽孢既不能增殖，也不产生毒素。

② 各种类型肉毒梭菌芽孢对热抵抗力有一定差异，但总体而言，肉毒梭菌芽孢高耐热，破坏它们需要强烈的热处理，它们是引起食物中毒致病菌中热抵抗力最强的菌种之一，所以通常将其作为评价罐头杀菌效果的指示菌。

③ 肉毒梭菌产生的毒素是一种大分子蛋白质，对消化酶、酸和低温很稳定，易受碱和热破坏而失去毒性。一般情况下，85℃ 热处理 15min 便可使毒素失活。

4.2.1.5　空肠弯曲杆菌

空肠弯曲杆菌（*Campylobacter jejuni*）是一种需要复杂营养，兼性（微嗜氧），通过鞭毛运动的革兰氏阴性菌。随着这种微生物检测和分离技术的提高，发现它与食源性疾病暴发有关。在美国，这种细菌是引起食源性疾病的头号微生物，其发病频率高于沙门氏菌病。

空肠弯曲杆菌产生不耐热的毒素，该毒素不但能导致家禽、牛、羊等牲畜患病，而且还会引起人类细菌性腹泻和其他疾病。空肠弯曲杆菌引起的食源性疾病的症状各异。轻者没有明显的疾病症状，但粪便中可能会排泄出这种微生物；重者可能有肌肉疼痛、头晕、头痛、呕吐、痉挛、腹痛、腹泻、发热和神经错乱。腹泻常发生在疾病初期或表现出发热症状后。腹泻 1～3d 后，便中常见血，病程一般为 2～7d。这类食源性疾病很少致死，但也有可能会发生。虽然有各种年龄的人受空肠弯曲杆菌感染的影响，但是这种疾病的暴发大多发生于 10 岁以上的儿童和年轻人中。由于空肠弯曲杆菌感染的症状缺少特别明确的特征，因此难以与由其他肠道致病菌引起的疾病相区别。空肠弯曲杆菌的感染剂量为 400～500 个细菌，具体视个人抵抗力而定。空肠弯曲杆菌通常共生于野生和家养动物的胃肠道中。在牛、羊、猪、鸡、鸭和火鸡的肠道中都发现存在空肠弯曲杆菌。

空肠弯曲杆菌具有以下特性。

① 生长温度为30~45℃，最适生长温度为42~45℃。

② 微量需氧，最适生长环境为5%氧气、10%二氧化碳和85%氮气。

4.2.1.6 单核细胞增生李斯特菌

单核细胞增生李斯特菌（*Listeria monocytogenes*）是革兰氏阳性短小杆菌，为兼性厌氧菌，菌体细胞呈单个或短链状排列，偶尔可见双球状。有鞭毛，无芽孢，一般不形成荚膜。对营养要求不高，可在0~50℃下生长，最适生长温度为30~37℃。

单核细胞增生李斯特菌主要影响孕妇、婴儿、50岁以上的人，因患其他疾病而身体虚弱者或处于免疫功能低下状态的人。成人感染此病常见的表现是脑膜炎和脊髓灰质炎。中等程度患者的中毒表现是流感症状、败血症、脓肿、小肉芽瘤（在脾脏、胆囊、皮肤和淋巴结）。怀孕3个月以上的妇女感染此菌，可能会引起流产或死胎。幸存的婴儿也易患败血症或在新生儿期患脑膜炎。新生儿的死亡率约为30%，如果在出生4d内被感染，则死亡率接近50%。单核细胞增生李斯特菌对艾滋病患者特别危险。因为艾滋病严重破坏了人体的免疫系统，使患者更易患食源性疾病。患艾滋病的男性感染单核细胞增生李斯特菌病的可能性比同年龄无艾滋病的男性高300多倍。单核细胞增生李斯特菌的感染剂量还没有确定，因为有正常免疫系统的人存在未知因子，使他们不像免疫功能低下的人那样容易受到单核细胞增生李斯特菌的感染。感染剂量由单核细胞增生李斯特菌菌株和个人体质而定。但是，感染健康动物要成千上万甚至数百万个细胞，而感染免疫功能低下的人只需要1~100个细胞。

在50多种家禽、家畜和野生动物肠道内都发现该菌，在土壤和腐烂植物中也有。这种微生物的其他潜在来源是溪流、阴沟水、烂泥、鳟鱼、甲壳动物、家蝇、扁虱、人类携带者的肠道。在许多食品中，如巧克力、大麦面包、乳制品、肉及家禽类制品中也存在这种致病菌。该菌在用被感染的动物粪便作肥料的蔬菜中也有发现。家用冰箱中也常发现这种致病菌。美国疾病控制和预防中心报道，在抽查的123个家用冰箱中，64%存在单核细胞增生李斯特菌。同时食品加工厂所用的各种原料是这种微生物的潜在污染源。

4.2.1.7 幽门螺杆菌

幽门螺杆菌（*Helicobacter pylori*）是导致胃炎、胃肠溃疡和胃癌的病原体。这种微生物会游动，能抑制胃壁肌肉收缩从而影响胃的排空，并导致慢性细菌感染疾病。幽门螺杆菌是一种革兰氏阴性菌，主要分布在猕猴、大鼠、猪、犬等动物的胃黏膜组织中，67%~80%的胃溃疡和95%的十二指肠溃疡是由幽门螺杆菌引起的。慢性胃炎和消化道溃疡患者的普遍症状为：食后上腹部饱胀、不适或疼痛，常伴有其他不良症状，如嗳气、腹胀、反酸和食欲减退等。有些还可出现反复发作性剧烈腹痛、上消化道少量出血等。

4.2.1.8 小肠结肠炎耶尔森菌

小肠结肠炎耶尔森菌（*Yersinia enterocolitica*），为肠杆菌科耶尔森菌属中的一种，是引起食物中毒和结肠炎的重要病原菌之一。

结肠炎绝大多数发生在儿童与青少年中，但是也会在成人中发生。通常在摄入污染食品后 1~3d 出现发烧、腹痛和腹泻等症状，还可能会出现呕吐和皮疹。与结肠炎有关的腹痛和阑尾炎症状非常相似，过去曾在食源性结肠炎大暴发中发生一些儿童由于误诊而被切除阑尾的病例。尽管轻微腹泻和腹痛会持续 1~2 周，但是由结肠炎导致的疾病一般仅持续 2~3d，出现死亡的病例很少见，不过如果出现并发症也可能会导致死亡。

小肠结肠炎耶尔森菌具有下列特性。

① 生长温度为 4~40℃，一般生长温度为 30~37℃，最适生长温度为 32~34℃。

② 是一种嗜冷性病原菌，耐低温，能在冰箱温度下分裂繁殖，但繁殖速率比在室温下低。

③ 对热（50℃）和盐（>7%）敏感，当温度超过 60℃时就可以将其杀死。

4.2.1.9 大肠埃希菌

大肠埃希菌属于埃希菌属（*Escherichia*）。大肠埃希菌俗称大肠杆菌，主要存在于人和动物肠道中，随粪便排出，分布于自然界中，是肠道正常菌群，通常不致病，有时还能合成适量维生素，并能抑制分解蛋白质一类细菌的繁殖。但是，在大肠杆菌中也有致病菌。当人体抵抗力减弱或摄入被大量活的致病性大肠杆菌污染的食品时，往往引起食物中毒。

目前，已经确认至少 5 种大肠杆菌会导致腹泻。它们分别是肠出血性大肠埃希菌、肠毒素性大肠埃希菌、肠致病性大肠埃希菌、肠聚集性大肠埃希菌和肠侵袭性大肠埃希菌。所有肠出血性大肠埃希菌都会产生志贺毒素 1 和（或）志贺毒素 2，这两种毒素又称为毒素 Varatoxin 1 和 Varatoxin 2。这类细菌可能是通过噬菌体感染，直接或间接地从志贺菌获得产志贺毒素的能力。

大肠杆菌 O：H，是根据它的 O 抗原和鞭毛 H 抗原来命名的，是一种兼性、革兰氏阴性棒状杆菌，产生 Vero 细胞毒素，能导致出血性大肠炎和溶血性尿毒综合征的大流行，从而引起社会各界人士对这种病原菌的高度重视。早期曾将其视为非致病菌，直到 1982 年，美国发生了两次出血性大肠炎流行性暴发，科学家从导致食物中毒的汉堡包中分离出大肠杆菌 O：H，人们才认识到它是人类的一种致病菌。目前还不能确定这种病原菌是如何从大肠杆菌突变而来的，有些科学家认为它得到了能导致人体出现同样病症的志贺菌的某些基因。

大肠杆菌 O：H 似乎可以在 8~45℃生长。在 pH 5.5~7.5，其生长速率相近，但在比较酸性的环境中，其生长速率很快下降。实验结果表明，这种病原菌在酸性食品（如发酵香肠和果酒）中存活时间长达几周。如果在冷冻温度下贮藏，那么这种病原菌在这些食品中的存活时间将更长。容易引发致病性大肠杆菌病的典型食物是生鲜或烧煮不彻底的牛肉、未加工的牛乳以及一系列酸性食品，如蛋黄酱、发酵香肠、果酒、苹果汁。由于这种病原菌具有较强的耐酸性，其引发食源性疾病暴发流行所需要的感染剂量很低（2000 个细胞或更少）。

4.2.2　病毒的危害

目前，已经发现150 多种病毒，这种呈非生命体的致病因子可以说无处不在。病毒自身不能繁殖，个体小，用光学显微镜也看不见。病毒外膜为蛋白质，内部为核酸，通常称之为"细胞内的寄生体"。当病毒附着在细胞上时，向细胞注射其病毒核酸并夺取寄主细胞成分会产生百万个新病毒，同时破坏细胞。病毒感染剂量低，在环境中易存活，与表征性细菌的相关性不明显。虽然多数病毒不耐热，但是也存在一些非常耐热、不易被破坏的病毒。病毒只对特定动物的特定细胞产生感染作用，因此，食品安全控制过程中只需考虑对人类有致病作用的病毒。病毒能通过直接或间接的方式由排泄物传染到食品中。携带病毒的食品加工者可导致食品的直接性污染，而污水则常导致食品的间接性污染。食品中有些病毒在烹调过程中被钝化，有些病毒在干燥过程中被钝化。不论怎样，应该避免食品被病毒污染。目前，常见的食源性病毒主要有甲型肝炎病毒、诺沃克病毒、疯牛病病毒，口蹄疫病毒。

4.2.2.1　甲型肝炎病毒

甲型肝炎病毒主要通过粪-口途径传播，传染源多为病人。甲型肝炎的潜伏期为 15～45d，病毒常在患者转氨酶升高前的 5～6d 就存在于患者的血液和粪便中。发病 2～3 周后，随着血清中特异性抗体的产生，血液和粪便的传染性也逐渐消失。长期携带病毒者极罕见。

甲型肝炎病毒在较低温度下较稳定，但在高温下可被破坏。所以，肝炎多发于冬季和早春，此病毒能在海水中长期生存，且能在海洋沉积物中存活一年以上。

甲型肝炎的症状可重可轻，多侵犯儿童及青年，发病率随年龄增长而递减。临床表现多从发热、疲乏和食欲不振开始，继而出现肝肿大、压痛、肝功能损害，部分患者可出现黄疸。多数情况下，无黄疸型病例发生率要比黄疸型高许多倍，但大流行时黄疸型比例增高。

1988 年，上海流行甲型肝炎，约有 29 万人感染，其主要原因是人们食用了被污染而亦未经过彻底加热的毛蚶。在甲型肝炎暴发的案例中，病毒通常来自食品操作者、受污水污染的生产用水。贝类通常与甲型肝炎暴发有关，生的或熟的蛤、蚝和贻贝都曾与引发甲型肝炎相关，其中包括被认可捕捞水域内收获的贝类。因为贝类经常受污水排放的影响，而且它们能富集病毒。

4.2.2.2　诺沃克病毒

诺沃克病毒是引起非细菌性肠道疾病的主要原因，其症状为恶心、呕吐、腹泻和偶尔发烧。诺沃克病毒的预防和控制措施与甲型肝炎病毒相似。此外，控制贝类捕捞船向贝类生长水域排放未经处理的污水可以降低诺沃克病毒暴发的可能性。

4.2.2.3　疯牛病病毒

疯牛病病毒是 20 世纪 90 年代以来最大的食源性病毒。所谓疯牛病是一种牛脑海绵状病，具有传播性，是一类可侵犯人类和动物中枢神经系统的致死性疾病，其潜伏期长，病程短，死亡率 100%。但是，人类至今还没有找到预防和治疗疯牛病的有效方法。目前，世界上也还没有科学家能够在牛活着的时候确诊其是否得了疯牛病，只能在其死亡后检验其脑组织确诊。

4.2.2.4　口蹄疫病毒

口蹄疫是由口蹄疫病毒（foot-and-mouth disease virus，FMDV）感染引起的偶蹄动物共患的急性、热性、接触性传染病，最易感染的动物是黄牛、水牛、猪、骆驼、羊、鹿等；黄羊、麝、野猪、野牛等野生动物也易感染此病。本病以牛最易感，羊的感染率低。口蹄疫在亚洲、非洲和中东以及南美均有流行，在非流行区也有散发病例。

口蹄疫发病后一般不致死，但会使病兽的口、蹄部出现大量水疱，高烧不退，使实际畜产量锐减。由于口蹄疫传播迅速、难于防治、补救措施少，被称为畜牧业的"头号杀手"。因此，每次暴发后只能屠宰和集体焚毁染病牲畜以绝后患。英国科学家指出，牲畜将口蹄疫传染给人类的可能性非常小，即使有人染上口蹄疫，病情也很轻，目前还没有口蹄疫疫情在人类中大规模传播的记录。曾有人因接触口蹄疫病畜及其污染的毛皮，或误饮病畜的奶，或误食病畜的肉等而感染。患者对人基本无传染性，但可把病毒传染给牲畜，再度引起畜间口蹄疫流行。

4.3　微生物的危险度分级

依据 WHO 微生物危险度等级的划分标准，微生物的危险度共分为四级，从 1 级到 4 级危险度逐渐升高。

危险度 1 级：无或极低的个体和群体危害。不太可能引起人或动物致病的微生物，如细菌、真菌、病毒和寄生虫等生物因子。

危险度 2 级：个体危害中等，群体危害低。病原体能够对人或动物致病，但对实验室工作人员、社区、牲畜或环境不易导致严重危害。实验室暴露也许会引起严重感染，但对感染有有效的预防和治疗措施，并且疾病传播的危险有限。

危险度 3 级：个体危害高，群体危害低。病原体通常能引起人或动物的严重疾病，或造成严重经济损失，但一般不会发生感染个体向其他个体的传播，并且对感染有有效的预防和治疗措施，如能使用抗生素、抗寄生虫药治疗病原体。

危险度 4 级：个体和群体的危害均高。病原体通常能引起人或动物非常严重的疾病，一般不能治愈，并且很容易发生人与人、动物与人、人与动物、动物与动物之间的直接或间接传播，对感染一般没有有效的预防和治疗措施。

4.4 微生物的危险度评估

4.4.1 微生物的危险度评估人员

生物安全工作的核心是危险度评估。危险度评估应当由那些对所涉及的微生物特性、设备和规程、动物模型以及防护设备和设施最为熟悉的人员来进行。微生物的危险度评估人员包括生物安全专家、病原学专家、免疫学专家、检验医学专家、流行病学专家、预防兽医学专家、环境保护学专家、实验管理学专家。

4.4.2 微生物的危险度评估过程

4.4.2.1 信息充足的标本

进行微生物危险度评估最有用的工具之一就是列出微生物的危险度等级。然而对于一个特定的微生物来讲，在进行危险度评估时仅仅参考其危险度等级是远远不够的，适当时还应考虑其他因素，包括：

① 微生物的致病性和感染数量；

② 暴露的潜在后果；

③ 自然感染途径；

④ 实验室操作所致的其他感染途径（非消化道途径、空气传播、食入）；

⑤ 微生物在环境中的稳定性；

⑥ 所操作微生物的浓度和浓缩标本的容量；

⑦ 适宜宿主（人或动物）的存在；

⑧ 从动物研究和实验室感染报告或临床报告中得到的信息；

⑨ 计划进行的实验室操作（如超声处理、气溶胶化、离心等）；

⑩ 可能会扩大微生物的宿主范围或改变微生物对于已知有效治疗方案敏感性的所有基因技术；

⑪ 当地是否能进行有效的预防或治疗干预。

根据上述信息，可以确定所计划开展的研究工作的生物安全水平级别，选择合适的个体防护装备，并结合其他安全措施制订标准操作规程（standard operating procedure，SOP），以确保在最安全的水平下来开展。

4.4.2.2 信息有限的标本

（1）在获得足够的信息以后，就能很好地进行上述危险度评估工作。但是，也有在对相关信息了解较少时进行危险度评估的情况（如对于一些现场收集的临床标本或流行病学样品），在这种情况下应当谨慎地采取一些较为保守的标本处理方法。

① 只要标本取自病人，均应当遵循标准防护方法，并采用隔离防护措施（如戴手套、穿防护服、戴护目镜等）。

② 基础防护——处理此类标本时最低需要二级生物安全水平。

③ 标本的运送应当遵循国家和/或国际的规章和规定。

（2）下列信息可能有助于确定这些标本的危险度。

① 病人的医学资料。

② 流行病学资料（发病率和死亡率资料、可疑的传播途径、其他有关暴发的调查资料）。

③ 有关标本来源地的信息。

4.5 微生物发酵清洁生产

4.5.1 发酵工业清洁生产

《21世纪议程》制定了可持续发展的重大行动计划，并将清洁生产看作是实现可持续发展的关键因素，号召工业提高能效，开发更清洁的技术，更新、替代对环境有害的产品和原材料，实现环境、资源的保护和有效管理。清洁生产是可持续发展的最有意义的行动，是工业生产实现可持续发展的唯一途径。

随着新版GMP的深入实施以及国家环保政策的连番出台，特别是广大人民群众对环保及维权的意识增强，提高发酵清洁生产和污染治理水平迫在眉睫。然而环境问题一直困扰着发酵行业的诸多企业。而近年来，因为发酵生产企业环保不达标而导致停产，甚至由于企业违规排污致使环境遭受污染的事件屡屡见诸报端。清洁生产是企业的根本要求和最终目标，是企业实现可持续发展的必然选择。

4.5.1.1 清洁生产的定义

《中华人民共和国清洁生产促进法》第二条规定："本法所称清洁生产，是指不断采取改进设计、使用清洁的能源和原料、采用先进的工艺技术与设备、改善管理、综合利用等措施，从源头削减污染，提高资源利用效率，减少或者避免生产、服务和产品使用过程中污染物的产生和排放，以减轻或者消除对人类健康和环境的危害。"

1996年，联合国环境规划署（UNEP）在总结了各国开展的污染预防活动，并加以分析提高后，完善了清洁生产的定义。其定义如下：清洁生产是一种新的创造性思想，该思想将整体预防的环境战略持续地应用于生产过程、产品和服务中，以增加生态效率和减少人类和环境的风险。对于生产过程，要求节约原材料和能源，淘汰有毒原材料，减少所有废物的数量和降低废物的毒性；对于产品，要求减少从原材料提炼到产品最终处置的全生命周期的不利影响；对服务，要求将环境因素纳入设计和所提供的服务中。UNEP 的定义将清洁生产上升为一种战略，该战略的作用对象为工艺和产品。其特点为持续性、预防性和综合性。

根据清洁生产的定义，清洁生产的核心是实行源削减和对生产或服务的全过程实施控制。

4.5.1.2 清洁生产的内容

清洁生产的内容包含以下 3 个方面。

(1) 清洁能源

清洁能源，即非矿物能源，也称为非碳能源，在消耗时不生成 CO_2 等对全球环境有潜在危害的物质。清洁能源有狭义与广义之分，狭义的清洁能源是指可再生能源，广义的清洁能源包括可再生能源和用清洁能源技术加工处理过的非再生能源。

(2) 清洁的生产过程

清洁的生产过程是指尽量少用、不用有毒有害的原料；尽量使用无毒、无害的中间产品；减少或消除生产过程中的各种危险性因素，如高温、高压、低温、低压、易燃、易爆、强噪声、强振动等；采用少废、无废的工艺；采用高效的设备；物料的再循环利用（包括厂内和厂外）；简便、可靠的操作和优化控制；完善的科学量化管理等。

(3) 清洁的产品

清洁的产品是指节约原料和能源，少用昂贵和稀缺原料，尽量利用二次资源作原料；产品在使用过程中以及使用后不含危害人体健康和生态环境的成分，产品应易于回收、复用和再生，合理包装产品；产品应具有合理的使用功能（以及具有节能、节水、降低噪声的功能）和合理的使用寿命；产品报废后易处理、易降解等。

4.5.1.3 清洁生产的目的

(1) 自然资源和能源利用的最合理化

自然资源和能源利用的最合理化，要求以最少的原材料和能源消耗，满足生产过程、产品和服务的需要。对于企业来说，应在生产过程、产品和服务中最大限度做到：a. 节约原材料和能源；b. 利用可再生能源；c. 利用清洁能源；d. 开发新能源；e. 采用节能技术和措施；f. 充分利用副产品、中间产品等原材料；g. 利用无毒、无害原材料；h. 减少使用稀有原材料；i. 物料现场循环利用。

(2) 经济效益最大化

企业通过清洁生产降低生产成本，提升产品产量和质量，以获取尽可能大的经济效益。要实现经济效益最大化，企业应在生产和服务中最大限度地做到：a. 采用清洁生产技术和工艺；b. 降低物料和能源损耗；c. 采用高效设备；d. 提高产品产量和质量；e. 减少副产品；f. 合理组织生产；g. 提高员工技术水平、技能和清洁生产意识；h. 完善企业管理体系和制度；i. 产品生态设计。

（3）对人类和环境的危害最小化

对于企业，对人类与环境危害最小化就是在生产和服务中，最大限度地做到：a. 减少有毒有害物料的使用，降低废物毒性；b. 采用少废、无毒生产技术和工艺，减少或避免废物的产生；c. 减少生产过程中的危险因素；d. 废物在厂内或厂外循环利用；e. 使用可重复利用的包装材料；f. 合理包装产品；g. 采用可降解和易处置的原材料；h. 合理利用产品功能；i. 延长产品使用寿命。

4.5.1.4　清洁生产的意义

人类在创造世界、改造世界的过程中，就要向大自然进行掠夺，在利润诱惑下，资源被过度开发、消耗，环境被污染和生态平衡被破坏已触及世界每一个角落，人们开始反思并重新审视已走过的路，认识到清洁生产是必然的选择。清洁生产的主要意义在于以下方面。

（1）清洁生产是绿色发展、可持续发展的需要

1992 年在巴西召开的联合国环境与发展大会通过了《21 世纪议程》，制定了可持续发展重大行动计划，将清洁生产作为可持续发展关键因素，各国达成了共识。清洁生产可大幅度减少资源消耗和废物产生，通过努力还可使破坏了的生态环境得到缓解和恢复，摆脱资源匮乏困境和污染困境，走工业可持续发展之路。

（2）清洁生产开创防治污染新阶段

清洁生产改变了传统的被动、滞后的先污染、后治理的污染控制模式，强调在生产过程中提高资源、能源转换率，减少污染物的产生，降低对环境的不利影响。

（3）清洁生产避开了末端治理

目前，我国经济发展是以消耗大量资源和粗放经营为特征的传统发展模式，工业污染控制主要以"末端治理"为手段，这虽使一些局部环境得到好转，但一些城市、企业已承受不起为此付出的高昂费用。代之而起的是把废物消灭在生产过程中，使企业由以消耗大量资源和粗放经营为特征的传统发展模式向集约型发展模式转化。

（4）清洁生产使企业赢得形象和品牌

推行清洁生产是实现社会、经济、环境可持续发展的自身迫切要求，也是使我国经济沿着健康、协调道路发展的重要保证。

4.5.1.5　清洁生产的优势

传统的末端治理是直接通过对生产中产生的污染物进行处理达到对污染物的消除或减量化，从而达到对环境的保护，属于被动方法。传统的末端治理主要特点是投入多、治理难度

大、运行成本高，只有环境效益，没有经济效益，企业没有积极性。

清洁生产是在生产过程中通过对工艺流程、技术手段的改良来消除或减少污染物质的排放，并尽力使废物变为其他生产过程中的原料，达到系统地治理污染，属于主动方法。其主要特点是从源头抓起，实行生产全过程控制，污染物最大限度地消除在生产过程之中；环境状况从根本上得到改善；能源、原材料和生产成本降低，经济效益提高，竞争力增强，能够实现经济与环境的"双赢"。

清洁生产与传统的末端治理的最大不同是找到了环境效益与经济效益相统一的结合点，能够调动企业防治工业污染的积极性。

① 清洁生产可大幅度减少资源消耗和废物产生，通过努力还可使被破坏了的生态环境得到缓解和恢复，走出资源匮乏和环境污染困境，走工业可持续发展之路。

② 清洁生产一方面通过节能、降耗、减污来降低企业成本，提高产品质量，提高企业的经济效益，增强企业的市场竞争力。另一方面，由于实施清洁生产，可大大降低末端治理的污染负荷，节省环保的一次性投资和设施的运行费用，提高企业防治污染的积极性和自觉性。

③ 清洁生产可最大限度地促进有毒产品、有毒原材料的替代，促进排污量大的落后工艺和设备的技术改造，促进操作和管理方式改进，从而改善工人的劳动条件和工作环境，提高工人的劳动积极性和工作效率。

④ 清洁生产可改善工业企业与环境管理部门之间的关系，解决环境保护与经济发展相割裂的矛盾。末端治理把注意力集中在生产过程中已经产生的污染物的处理上，企业总是处于一种被动、消极的地位；而清洁生产是从生产全过程对环境进行关注，是原辅材料和能源的利用效率最高、污染物产生量达到最小的生产模式，是一种积极、主动的态度。

4.5.2 酵母行业清洁生产审核案例

4.5.2.1 酵母行业现状

由于饮食习惯等因素，酵母和酵母抽提物的市场主要集中在欧洲和北美地区。在欧美，人们的主食以面食为主，并喜欢饮用啤酒、葡萄酒等用酵母进行发酵的酒类，因此酵母的消费量高于其他地区；同时，酵母抽提物作为鲜味剂也在欧美市场颇受青睐，目前已占据这一地区 1/3 以上的鲜味剂市场份额。但更值得注意的是，随着经济的发展、生活水平的提高以及国际合作交流的日益广泛，酵母和酵母抽提物在亚洲地区的消费量正在迅速提高。

4.5.2.2 生产工艺及产排污分析

（1）酵母生产工艺

酵母生产工艺包括种子培养，原料的预处理，酵母扩大培养，酵母的分离、洗涤，酵母乳的过滤及酵母的干燥。

① 种子培养

酵母最常用的种子培养基为麦芽汁培养基，通常为液体，若需要做成固体或半固体，就要分别添加琼脂1.5%~2%或0.6%~0.7%。

酵母为球形或卵圆形的单细胞真核生物，在自然界分布极广，存在空气、土壤和水中及植物的花叶和果实的表面等。从自然界分离出来并保持原样的酵母称为野生酵母，但是直接分离到的菌种往往不能直接用于生产，酵母生产的良种选育对酵母生产工艺和质量具有决定性意义。

② 原料的预处理

酵母生产的主要原料是糖厂制糖后产生的废糖蜜，包括甘蔗糖蜜和甜菜糖蜜。甘蔗糖蜜是甘蔗糖厂的副产物，产于我国南方各省，以广东、广西、福建、台湾、四川为最多，甘蔗糖蜜含有大量的蔗糖和转化糖，它的成分随产地、品种和制糖工艺的不同而异，甘蔗糖蜜是微酸性的，pH值在5.0~6.2之间。目前国内甘蔗糖蜜总固形物含量在75%~95%之间，而发酵性糖含量大多在40%左右。甜菜糖蜜是甜菜糖厂的副产物，产于我国北部地区，以东北、西北、华北为主，甜菜糖蜜的含量在50%左右，主要是蔗糖，转化糖较少。甜菜糖蜜中磷元素含量仅0.03%~0.06%，不能满足酵母正常发酵的需要，在发酵液中必须添加磷元素。

废糖蜜预处理包括稀释、澄清除杂、灭菌等过程。

③ 酵母扩大培养

扩大培养过程一般分为3个阶段，即试验室纯种培养阶段、车间纯种培养阶段和流加培养阶段。

④ 酵母的分离与洗涤

发酵结束后，应在很短时间内把酵母从发酵液中分离出来。分离与洗涤的目的：一是发酵结束后，发酵液中的酵母固形物浓度一般为30~50g/L，经离心分离后的酵母乳其酵母固形物浓度达到150~219g/L；二是通过加数倍量的水洗涤，将酵母细胞表面及酵母乳中残存的糖蜜色素、营养物质、消泡剂和杂菌等除去。

⑤ 酵母乳的过滤

经酵母离心分离机分离洗涤的酵母仍具有流动性，就鲜酵母产品来说，通过过滤可以使酵母不再具有流动性，便于储藏、包装和运输；就活性干酵母而言，只有经过滤后的酵母块才便于造粒成型，同时降低干燥的能耗。

酵母乳过滤的方法包括板框过滤机过滤和真空转鼓过滤机过滤。

⑥ 酵母的干燥

活性干酵母的干燥方法主要有吸水干燥、静态气流干燥、喷雾干燥和动态气流干燥。

(2) 酵母行业产排污分析

一般情况下，酵母生产本身产生的污染物较少，主要污染是由废糖蜜在发酵过程中不能被利用的物质带来的。酵母发酵采用甘蔗或甜菜压榨得到的废糖蜜来发酵，由于制糖工业的条件和各个糖厂技术的不同，废糖蜜中除糖浆外，还含有大量的杂质和酵母不能利用的其他物质，因此在以废糖蜜为发酵底物时，需用水加以稀释和处理。

酵母生产排放的废水是污染最严重、处理难度最大的工业废水之一，酵母废水的污染主要来自于发酵过程。从酵母液体发酵罐中分离的酵母废水 COD 含量为 30000～70000mg/L，最高可达 110000mg/L，并随酵母生产批次而变更。有些酵母企业将这部分废水分开来处理，主要工艺为蒸发浓缩工艺，并将浓缩液进一步制备为有机肥料，以供农用；蒸发出来的水虽然色度很浅，但 COD 值仍在 2000mg/L 左右，还需进一步处理。

酵母的生产过程也是酵母菌对废糖蜜进行生物处理的过程，由于能够被酵母菌利用的污染物已经被降解，变为生物质，剩余部分则基本为不可被酵母菌利用的部分。所以，酵母生产废水中 COD 和 BOD_5 之间没有确定的关系。

4.5.2.3 清洁生产工艺

（1）酵母乳的过滤

真空转鼓过滤机是目前酵母生产中用于酵母乳过滤的最为先进的设备之一，可连续将分离后的酵母乳通过真空吸滤变为适宜干燥造粒的酵母泥。

真空转鼓过滤机的特点是：接触料浆的一侧为大气压，过滤面的背面与真空源相通。真空转鼓过滤机为连续操作，过滤所得的酵母块较少机会与人接触，直接由螺旋槽送入挤压机成型，减少了染菌机会，且劳动强度低，节省时间。

（2）酵母的干燥

① 吸水干燥。19 世纪末和 20 世纪初，将酵母与淀粉、面粉等食物混合吸水的干燥方法曾在工厂生产中大量采用。吸水干燥法所得的活性干酵母水分含量为 10%～20%，在吸水干燥过程中基本没有活性损失，但贮存的稳定性一般仅 1～4 周。

② 静态气流干燥。自 20 世纪 20 年代起，活性干酵母的制造普遍采用静态气流干燥法。这种方法是：首先把酵母挤压成面条状，再用刀片切成 1～3cm 的长度，送入干燥室，在干燥室内酵母基本上处于静止状态，被加热的空气吹过静止状态的酵母颗粒层，逐渐带走其中的水分使酵母得以干燥。这类干燥方法既可以是连续的也可以是分批的。

③ 喷雾干燥。喷雾干燥是在高温下短时间内进行的，化学分解最少，但生物活性损失率较高。经离心洗涤后的酵母不需要压榨或过滤直接进行喷雾干燥。干燥设备利用在水平方向作高速旋转的圆盘给予溶液以离心力，使其高速甩出，形成薄雾、细丝或液滴，同时又受到周围空气的摩擦、阻碍与撕裂等作用形成细雾，干燥时间为几分钟或数十秒。喷雾干燥的关键是它的雾化器，雾化器按其雾化微粒的方式不同，分为压力式、气流式和离心式三种。喷雾干燥由于干燥时的高温，酵母细胞迅速脱水，使酵母细胞受到损伤，通常产品的发酵力低，活性损失在 70% 以上，且喷雾干燥的能耗较大。

④ 动态气流干燥。目前,活性干酵母的干燥普遍采用动态气流干燥。在这类干燥方法中,酵母颗粒悬浮于热空气中,颗粒处于运动态,与热空气的接触比较充分,传热传质效果大大提高,干燥室内温度有所下降,干燥时间则有所缩短,因而其产品活性大大提高。

气流干燥器分沸腾干燥器和流化床干燥器两种,其中沸腾干燥器是分批操作,而流化床干燥器则是连续操作。

a. 沸腾干燥器。沸腾干燥器是利用流态化技术设计的一种干燥器。操作时气体与固体接触良好,有较高的传热传质速率,而且颗粒较小,干燥表面积很大,易于控制产品的质量。但是空气进口温度需随干燥过程的进行逐渐下降,因而设备生产能力较低,用气量大。

b. 流化床干燥器。流化床干燥器是在流化床中加入颗粒物料,在流化床的下部通入热空气,在一定的热风速度下,使湿物料处于激烈的固体流态状态。与此同时,湿物料温度升高,水分汽化,热空气温度下降、湿度增加,湿物料在一定停留时间内达到所要求的干燥状态。

流化床干燥器有如下优点:物料与干燥介质接触面积大,同时物料在床内不断地进行激烈搅拌,传热效果好;流化床内温度分布均匀,避免了产品的局部过热;同一设备内可以进行连续操作,也可以进行间歇操作;物料在干燥器内停留时间可以按需要进行调节;投资少,生产能力大。

其缺点是成品的水分容易因加热蒸汽和空气湿度等的变化而产生波动。

4.5.2.4　酵母废水生产有机肥料

酵母废水含有丰富的氮、磷、钾等多种元素及丰富的有机质,是农作物的良好肥料,对作物的增长和土壤的改良都有很好的效果。随着科学技术的发展及设备水平的提高,对废水进行蒸发浓缩制肥的工艺技术已日趋成熟,并在很多发酵企业得到了大规模应用,取得了很好的经济效益和社会效益。

利用废糖蜜生产酵母的污水生产有机肥料的设备包括蒸发设备和干燥设备。为了节约能源,蒸发设备一般选用四效蒸发器或五效蒸发器,如图 4-1 所示。

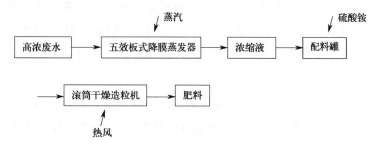

图 4-1　利用废糖蜜生产酵母的污水生产有机肥料的工艺流程

4.5.2.5 酵母生产企业案例分析

（1）企业基本情况

某企业是从事酵母及酵母衍生物产品生产、经营、技术服务的企业。

企业主要污染源分析如下。

① 废水。酵母生产过程中的废水主要来源于分离工段，其多次洗涤分离产生有机废水。另外，车间清洗贮罐、地面会生产少量的废水。酵母抽提物生产过程中有少量废水产生。

② 噪声。来源于罗茨风机、冷冻机、空压机及泵类等设备运转过程中产生的噪声，均采取了隔声和降噪处理，安装了相应的噪声治理装置。

③ 固体废物。酵母生产主要原材料废糖蜜的处理过程中会产生糖渣，污水处理过程中也会产生污泥，由于无毒，全部资源化综合利用。

④ 废气。由于企业取消了燃煤锅炉，采用市热电厂的集中供热蒸汽，因此，企业的主要废气来自浓废液干燥处理系统产生的粉尘污染。

企业实施清洁生产审核前的主要单耗、资源综合利用和主要污染物产生情况为：废糖蜜 $6.08t/t$；新鲜水用量 $81.37m^3/t$；标煤使用量 $673.62kg/t$；浓废水排放量 $12.7m^3/t$；淡废水排放量 $56m^3/t$。

（2）预审核概况

预审核是清洁生产审核的初始阶段，是发现问题和解决问题的起点。主要任务是从清洁生产审核的各方面入手，调查组织活动、服务和产品中最明显的废物和废物流失点；物耗、能耗最多的环节和数量；原料的输入和产出；物料管理现状；生产量、成品率、损失率；管线、仪表、设备的维护和清洗等，从而发现清洁生产的潜力和机会，确定本轮清洁生产审核的重点。

① 现状调研。审核小组依据清洁生产审核程序，在全厂范围内广泛收集审核所需要的资料，主要包括：企业生产工艺流程；企业生产设备流程；企业供水状况；企业供热蒸汽管网情况；企业供用电线路情况；主要生产经营情况；电力、水、天然气、原材料等的消耗情况；企业管理制度、操作规程、岗位责任等。

② 现场考察。在原始资料收集的基础上，审核小组对生产部和污水处理设施等进行了现场考察，认真核对工艺流程图，并核查了各部门物耗、水耗、能耗、电耗等技术指标，查找物料流失和污染物产生的环节、检查设备运行及维修状况，进一步明确了企业的组织机构、生产和污染排放情况。

③ 评价物耗、能耗和产排污状况。实施第一次对标评估，对比国内外同类企业的生产状况，初步分析能耗高和产排污原因，评价企业能耗限额/定额和环保执法现状，找出差距，作出评价结论，明确工作任务。

④ 确定审核重点。审核工作组在专家组的指导下，根据现状调查和现场考察情况的分

析，确定企业的生产部为本次审核的审核重点。

⑤ 设置清洁生产目标。根据企业与国内外先进水平的差距，制定出本次审核生产部的清洁生产目标。

⑥ 提出和实施无/低费方案。完善原材料采购和质检程序，改进原材料的仓储和运输操作，防止能源和水的浪费，正确维护保养设备，正确操作生产设备，正确处理废弃物，培训和指导。

（3）审核过程及审核结果分析

① 审核重点概况。酵母生产线主要包括废糖蜜处理和酵母生产两个主要的生产过程，其中废糖蜜处理工艺主要包括废糖蜜预处理、分离机分离、板框处理和高温灭菌等工序，酵母生产工艺主要包括纯培养罐培养、种子发酵、商品发酵、酵母分离、压滤和干燥等工序。各单元操作见表4-1。

表4-1　生产部各单元操作表

序号	单元描述	功能
1	废糖蜜预处理	对废糖蜜进行稀释、预加热,促进其杂质沉淀
2	分离机分离	对预处理后的废糖蜜溶液离心除去杂质,获得清液
3	板框处理	对液体糖渣进行压榨,回收可利用的糖分
4	高温灭菌	通过瞬时高温杀灭糖蜜中的微生物
5	纯培养罐培养	对酵母菌种进行车间第一级扩大培养
6	种子发酵	对酵母菌种进行车间第二级扩大培养
7	商品发酵	对酵母菌种进行第三级扩大培养,获得商品酵母
8	酵母分离	分离洗涤获得纯净的商品酵母
9	压滤	对酵母乳进行抽滤获得含水量低的鲜酵母
10	干燥	对造粒后的鲜酵母进行干燥,获得成品酵母
11	包装	将成品包装成不同规格的产品

② 物料平衡。企业进行系统的集中实测，通过实测，审核工作组对进、出车间的物流，包括原料、辅料、水、蒸汽等各类物质的量进行了测定，为进行物料平衡测算提供了充足的数据基础。

通过建立物料平衡以及水平衡，准确地判断出物料的利用率、流失率、流失的部位和环节、流失物料的排放走向，定量地描述废物的数量和成分，从而全面掌握了生产过程中的排放和物料流失情况，并在此基础上建立了物料平衡，为清洁生产方案的产生提供了科学依据。

此次审核重点的平衡分析从三个方面进行考虑：一是总物料平衡，旨在分析物料输入输出情况；二是水平衡，主要目的是分析和测算生产系统的水平衡，查找出水的流失及使用不合理环节；三是糖平衡，废糖蜜是生产的最主要原料，糖分的利用率或流失率对企业的效益和成本以及对环境的影响起着至关重要的作用，所以应进行糖平衡的测算。

③ 污染物产生原因分析。通过物料平衡测算，分析出以下物料流失及废物产生的部位及原因。

④ 废水排放。生产部的废水主要来自于清洗废水、酵母分离的浓废水和淡废水、日常清洁排水及其他生活用水的排放等，其中酵母分离废水的水量大、污染负荷重，是生产部的主要废水来源，因此酵母分离废水的处理和控制是生产部废水控制的重点。

⑤ 气体和粉尘排放。主要来自于酵母干燥阶段，其主要物质为水蒸气和一部分酵母粉尘。酵母粉尘从干燥床顶部排出，经过旋风除尘器进行回收，作为味素原料，实现零排放。

⑥ 废渣。生产部的废渣主要为废糖蜜预处理阶段的糖渣排放，具体包括板框处理器所排放的固体糖渣和糖渣上清液贮罐所排放的液体糖渣，应设法对产生的糖渣进行回收再利用。

⑦ 物料泄漏。根据现状调研及平衡测算，生产部的主要物料泄漏为废糖蜜处理阶段的液体糖渣的泄漏，在清洁生产方案中制订措施，重点防范。

（4）无/低费方案及实施效果

通过发动广大员工积极参与方案的产生，并且充分地调动厂外专家为企业的清洁生产方案献计献策，共提出清洁生产方案 26 项，其中，无/低费方案 18 项，中/高费方案 8 项。产生的清洁生产方案如表 4-2 所列。

表 4-2 清洁生产方案一览表

序号	清洁生产方案内容简介	方案类型
1	投加的化工原材料在露天存放，受潮板结后不易溶解。建议搭建仓库或者平台	无/低费
2	高糖发酵的糖蜜转换率偏低，应改进工艺，从而提高糖蜜转换率	无/低费
3	配制BB肥时，人工放料计量不准确，有一定浪费。采用自动包装秤	无/低费
4	BB肥缝包线原采用手提缝包机，劳动强度大，还必须缝两道线。采用自动缝包机，既降低劳动强度，又可折叠口袋只缝一道线	无/低费
5	干燥车间辅机特别是筛分机布局不合理，设备能力滞后，同时影响蒸发处理能力的提高。建议改造或更换筛分机、破碎机	中/高费
6	老搅拌槽腐蚀严重，漏浓液，将之拆除，腾出的地方建水泥池	中/高费
7	浓液池极易产生沉淀物。建议在浓液池加装搅拌器，防止沉淀物产生，也能提高浓液的浓度，提高干燥产量	无/低费
8	综合车间清水泵节能。通过内部光滑处理降低运行电流	无/低费
9	废糖蜜预处理滤布的过滤效果不好。选择过滤效果好的滤布，减少糖渣中糖蜜含量	无/低费
10	种子分离采用串联，可改变工艺成并联，一次性分离，可节约分离用水	无/低费
11	环保设施处理能力无法满足企业环保压力，尤其是蒸发浓缩能力。增加高浓度废水处理设施，彻底解决生产部门每日排放的污水	中/高费
12	蒸发系统效率较低，蒸汽消耗量大，需要改造	中/高费
13	生产部干燥真空泵用水量大，全部排掉浪费大且给环保增加了负担，应该加强节约用水且尽量回用	无/低费
14	生产部冷冻蒸发式冷凝器在秋冬季节可以大量节约用水	无/低费
15	沉渣池污泥沉淀快，没有很好地被利用，造成浪费情况。沉渣池加装搅拌器，将污泥全部使用	中/高费

序号	清洁生产方案内容简介	方案类型
16	车间设备管道跑、冒、滴、漏,所有设备冷却水回收至循环水池再综合利用,减少废水产生	无/低费
17	糖渣和清洗水直接排放,造成排污压力。建议改进处理工艺,回收全部糖渣,导入糖渣罐内进行预处理	无/低费
18	闪蒸罐真空泵密封水直排了可惜,考虑充分利用,可考虑密封水两泵合一	无/低费
19	清洗人员水清洗发酵罐的水白白浪费,清洗水可以回收,和下一次分离的洗涤水作为冷却水使用	无/低费
20	大清洗后第二、三、四遍的碱液都排入下水道中再次回收利用,在浸槽两排污阀处装一管线,并入碱回收管线中	无/低费
21	增加沼气锅炉,提高沼气利用率,节约蒸汽	中/高费
22	物化处理工段增加一套污泥脱水机,提高污泥脱水能力	中/高费
23	当前肥料生产线能力不足,设备局限性大,能耗高,生产环境差,应重新设计,另辟场地修建符合要求的干燥生产线	中/高费
24	蒸发器清洗效果好与坏直接影响着污水处理率,制定清洗考核制度迫在眉睫。由专人监管蒸发器清洗并制定出适合部门清洗标准奖惩制度	无/低费
25	工艺制度规范化较差,应考虑逐步规范,提高工作效率	无/低费
26	目前设备维修多是事后维修。设备在使用过程中注意巡检,做到有预防性的维修,而不是现在的事后维修	无/低费

(5) 中/高费方案及可行性分析

① 增加蒸发系统,提高高浓度废水处理量。

a. 方案简述。新增六效蒸发浓缩系统,采用逆流连续加料法,利用降膜式和强制循环式混合加热,使物料在真空状态下低温蒸发,将固形物含量 $4\%\sim6\%$ 的稀料蒸发浓缩至 55% 后由出料泵泵至干燥喷浆机造粒做肥料。蒸发能力设计每小时为 26.9t,蒸汽消耗设计每小时 5.5t,可处理高浓废水 $700m^3/d$,产生浓浆 $2.2m^3/h$。

b. 技术可行性分析。该系统蒸发能力 26.9t/h,加热面积 $1950m^2$,采用逆流连续加料法,加料时溶液的流向与加热蒸汽的流向相反。原料经板式预热器预热后再进入第六效蒸发器蒸发,在设备内的真空环境下低温蒸发,再进入下一效以相同的原理蒸发,至达到排料要求的浓度后出料。同时前效的冷凝水进入后效利用真空差进行自行蒸发,因而可以产生更多的二次蒸汽。由于采用六效蒸发,各效间的温差较低,二次汽雾沫夹带的物料较少,使排放的冷凝水 COD 含量较低。

c. 环境可行性分析。本方案为企业废水清污分流、浓淡分离的高浓废水处理扩建项目,建成后和日处理能力 $700m^3/d$ 的老蒸发系统同时运行,可日处理高浓废水 $1400m^3$,完全解决生产系统日排放 $1100m^3$ 高浓废水处理问题,有效减轻生化、物化处理系统的负荷,实现企业废水达标排放。

d. 经济可行性分析

本方案在老五效蒸发系统的基础上进行了适当改进,方案总投资 700 万元,方案实施后年经济效益为 300 万元。

② 增加沼气锅炉，提高沼气利用率。

a. 方案简述。处理废水过程中，每天的沼气产量冬天时约 $8000m^3$、夏天时约 $14000m^3$，平均约 $10000m^3$，沼气低位热值 $5650kcal/m^3$（平均值，$1cal = 4.18J$）。将沼气进行脱硫后进入沼气贮柜中贮存，经加压后进入沼气燃烧器点燃并在沼气锅炉中燃烧，产生的高温烟气将经过软化和除氧后的水加热产生蒸汽，蒸汽经分汽缸并入蒸汽管网。

b. 技术可行性分析。本项目中关键设备沼气锅炉应采用全自动燃气蒸汽锅炉，锅炉主控柜技术比较成熟，采用现代化电脑控制技术。产品具有可靠性高、使用方便、操作简单、功能丰富、控制灵活、造型美观、全自动化程度高等特点，具有自动程序点火、程序启停、燃烧自动调节、给水自动调节等自动控制系统和高低水位报警、极限低水位、蒸汽超压、火焰监测、可燃气体检漏等联锁保护系统。

c. 环境可行性分析。沼气在进入锅炉前经过自动脱硫处理，符合环境效益的要求，并且可减少外购蒸汽量，从而达到降低煤资源消耗和 SO_2 排放的目的。

d. 经济可行性分析。目前企业所产生的沼气主要用于肥料车间烟气炉的补充能源，即使将沼气全部用于烟气炉燃烧且燃烧完全，也只能产生 $5.085 \times 10^7 kcal$ 的热量，而且沼气在烟气炉中燃烧损耗较大，不能发挥其应有的资源能力。新增沼气锅炉后，由于蒸汽管网较短，管径相对较小，热损失明显低于外购蒸汽，效益十分明显。增加沼气锅炉预计资金投入近 167 万元，每年可产生经济效益约 328 万元。

③ 改造旧蒸发系统，提高高浓废水处理效率。

a. 方案简述。旧蒸发系统为五效板式降膜蒸发器，主要存在如下缺点：运行不稳定，出料浓度低，特别是一效、二效蒸发器容易结垢、结晶，蒸发效率下降很快，清洗困难；工人操作难度大，作业强度高；蒸汽消耗大，运行费用高。改造后将一效、二效蒸发器改成管式强制循环式蒸发器，保证系统长时间稳定运行，提高出料浓度，改善工人作业环境，降低运行费用。

b. 技术可行性分析。旧蒸发系统改造是在新增六效蒸发系统成功运行后借鉴其设计理念而加以设计实施的，技术上没有任何风险。

c. 环境可行性分析。本项目为企业废水清污分流、浓淡分离的高浓废水处理改造项目，改造后和新系统一起稳定运行，完全解决生产系统日排放 $1100m^3$ 高浓废水处理问题，实现企业废水达标排放。

d. 经济效益分析。本方案总计投资 300 万元，方案实施后可以有效降低环保治理费用，每年可节约环保治理费用 89 万元。

4.5.3 啤酒行业清洁生产审核案例

4.5.3.1 啤酒行业现状

自 2002 年我国成为世界啤酒产销第一大国以来，我国啤酒总产量呈逐年增长的趋势，随着我国环境保护工作的深入开展，很多啤酒企业开展了清洁生产工作，在节能减排方面成绩显著。一些大型啤酒企业千升啤酒耗水量下降到 5.5m³ 以下，接近国际先进水平，但与国外先进企业相比仍有一定的差距。国外大型啤酒公司单位（千升）啤酒耗水量如表 4-3 所列。

表 4-3　国外大型啤酒公司单位啤酒耗水量

啤酒公司	啤酒的耗水量/(m³/kL)
嘉士伯	4.7
喜力	4.5
Scottish&Newcastle	4.5
Inbev	4.9
Grolsch	4.9
Bavaria	3.8

4.5.3.2　生产工艺和产排污状况

（1）啤酒行业的生产工艺流程及排污环节

① 麦芽制造工艺。麦芽制造主要包括浸麦、发芽、绿麦芽的干燥、除根、麦芽的冷却、磨光和干燥麦芽的贮存等工序，工艺流程如图 4-2 所示。

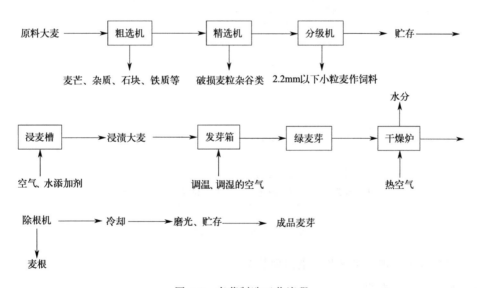

图 4-2　麦芽制造工艺流程

② 啤酒制造工艺。啤酒的生产过程大体可以分为四大工序：麦芽制造、麦芽汁制备、啤酒发酵、啤酒包装与成品啤酒。

a. 麦芽制造。先将大麦制成麦芽，再用于酿酒。大麦在人工控制的外界条件下进行发芽和干燥的过程，即为麦芽制造，简称"制麦"。

b. 麦芽汁制备。又称"糖化"。麦芽及辅料必须经过这个过程，制成各种成分含量适宜的麦芽汁，才能由酵母发酵酿成啤酒。麦芽汁制备的全过程可分为麦芽及辅料的粉碎、醪的糖化、过滤以及麦芽汁煮沸、冷却五道工序。

　　c. 啤酒发酵。冷麦芽汁添加酵母后，开始发酵作用。啤酒发酵过程分主发酵（又名前发酵）和后发酵两个阶段。酵母繁殖和大部分可发酵性糖类的分解以及酵母的某些主要代谢产物，均在主发酵阶段完成。后发酵是前发酵的延续，必须在密闭容器中进行，使残留糖分分解形成的二氧化碳溶于酒内，达到饱和；并使啤酒在低温下陈酿，促进酒的成熟和澄清。

　　d. 啤酒包装与成品啤酒。啤酒经过后发酵或后处理，口味已经达到成熟，酒液也逐渐澄清，此时再经过机械处理，使酒内悬浮的微量粒子最后分离达到酒液澄清透明的程度，即可包装出售。

　　啤酒生产工艺流程见图 4-3。

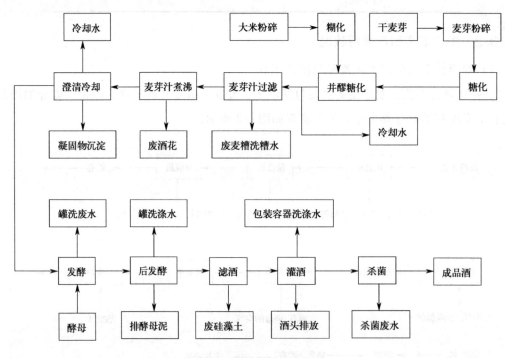

图 4-3　啤酒生产工艺流程

（2）啤酒行业产排污状况及污染治理状况

啤酒行业是废水排放大户。

啤酒企业废水处理技术主要为厌氧＋好氧的组合处理工艺，常见工艺包括以下几种。

① 水解酸化-SBR 法

这种方法在处理啤酒废水时，在厌氧反应中，放弃反应时间长、控制条件要求高的甲烷发酵阶段，将反应控制在水解酸化阶段，这样较之全过程的厌氧反应具有以下优点：由于反应控制在水解酸化阶段，反应迅速，故水解池体积小；不需要收集产生的沼气，简化构造。此方法可降低造价，便于维护，易于放大；产生的剩余污泥量少。同时，经水解反应后溶解性 COD 比例大幅度增加，有利于微生物对基质的摄取，在微生物的代谢过程中减少了一个重要环节，这将加速有机物的降解，为后续生物处理创造更为有利的条件。水解酸化-SBR 法处理高浓度啤酒废水效果比较理想，去除率均在 95% 左右。

② UASB-好氧接触氧化工艺

此工艺处理过程为：废水经过转鼓过滤机，转鼓过滤机对 SS 的去除率达 10% 以上，随着麦壳类有机物的去除，废水中的有机物浓度也有所降低。上流式厌氧污泥床能耗低、运行稳定、出水水质好，有效地降低了好氧生化单元的处理负荷和运行能耗。好氧处理对废水中 SS 和 COD 均有较高的去除率，这是因为废水经过厌氧处理后仍含有许多易生物降解的有机物。该工艺处理效果好、操作简单，稳定性高。上流式厌氧污泥床和好氧接触氧化池串联的啤酒废水处理工艺具有处理效率高、运行稳定、能耗低等特点。整个工艺对 COD 的去除率达 98%，该工艺非常适合在啤酒废水处理中推广应用。

③ IC 厌氧反应器-好氧处理工艺

IC 厌氧反应器和 UASB 反应器一样，能够形成高生物活性的厌氧颗粒污泥，但不同的是这种反应器内部还能够形成流体循环，其形成过程如下：进水由底部进入第一反应区与颗粒污泥混合，大部分有机物在此被降解，产生大量沼气，沼气被下层三相分离器收集，由于产气量大和液相上升流速较快，沼气、废水和污泥不能很好分离，形成了气、固、液混合流体。又由于气液分离器中的压力小于反应区压力，混合液体在沼气的夹带作用下进入气液分离器中，在此大部分沼气脱离混合液外排，混合流体的密度变大，在重力作用下通过回流管回到第一反应区的底部，与第一反应区的废水、颗粒污泥混合，从而实现了流体在反应器内部的循环。废水经过 IC 厌氧反应器处理完后，通常再连接一级好氧反应器。

IC 厌氧反应器存在以下优点：容积负荷高；节省投资和占地面积；抗冲击负荷能力强；抗低温能力强；内部自动循环，不必外加动力；出水稳定性好；启动周期短。

（3）啤酒行业清洁生产工艺

① 麦芽汁制备过程

a. 选用优质原料，优化糖化工艺。酿造啤酒只利用麦芽和大米（玉米）中的浸出物，含量多少以浸出率表示。浸出率 80% 的麦芽比浸出率 75% 的麦芽可利用物质多 5%。啤酒生产应根据原料质量不断调整和优化工艺。麦芽溶解性好，酶活力高，可以采用高温短时间糖化；而酶活力低的麦芽应采用低温长时间糖化。因此，选用溶解性好、酶活力高的麦芽，有利于提高质量、降低消耗、减少污染排放。

b. 回收洗槽水。糖化过滤、洗槽结束时，麦槽中总残留部分麦芽汁，称残糖，低时含糖 0.5%，高时达 2%，可再用热水洗槽，洗出稀麦芽汁残存，在调整 pH 值后用于下次糖化投料的下料水。为了不影响质量，洗出稀麦芽汁时温度不要高于 75℃，以免洗出过多的麦皮成分。洗槽水的回收和使用要安排好，暂存时间不宜超过 6h，只有在连续生产时才能实现回收。一般情况下，能回收麦芽汁量 10%～20% 的洗槽水。

② 发酵

a. 发酵完毕进入后熟阶段应有低温处理过程。发酵完毕进入后熟阶段应有低温处理过程，使酵母和凝固蛋白沉淀，促使酒液澄清；使二氧化碳充分溶解在酒液里，达到一定质量要求。低温处理不足，除过滤不顺利、损失增加外，还会影响啤酒的非生物稳定性，尤其是冷稳定性较差。因此，工艺上应规定最短的低温处理时间。

b. 回收酵母中的啤酒。啤酒发酵完毕，要排出泥状酵母，除一部分留作生产再用外，其他都作为废酵母。湿酵母泥中有很多啤酒，可用压滤方法将其回收。但是从废酵母中回收的啤酒常含有酵母自溶物，浊度高、有酵母味；回收过程接触空气，溶解氧高；如果发酵有污染，啤酒中还会有杂菌。所以，废酵母中回收的啤酒如何再用要视各厂回收条件及质量要求，分别做处理。

回收啤酒可单独经硅藻土过滤或微孔过滤后再掺入啤酒中，掺入比例应不高于5%。也可将回收啤酒混入发酵罐麦芽汁中再发酵。这时，通常将回收啤酒于冷贮罐中贮存，检查是否有细菌污染，如果污染超出要求，应将回收啤酒过滤除菌后再混入麦芽汁中。

③ 合理利用生产用水，降低水耗

a. 推广麦芽汁一段冷却技术。糖化结束，要在很短时间内将热麦芽汁冷却到7~8℃，需要大量冷却水。过去啤酒厂都采用麦芽汁两段冷却法。第一段用冷水将麦芽汁从95℃冷却到35~45℃，得到55℃左右的冷却水；第二段再用其他冷却介质将麦芽汁冷却到7~8℃。由于第一段排出的冷却水只有55℃左右，不能直接用于糖化洗罐，加上冷却水量大，啤酒厂无法全部利用，大部分干净的温热水排掉了。

麦芽汁一段冷却技术是通过氨蒸发制冷，用3~4℃的冰水一次将热麦芽汁冷却到7~8℃，排出75~80℃的热水，可以直接进入酿造热水罐，作洗槽水和糖化下料水。麦芽汁一段冷却与两段冷却工艺的设备投资大致相同，但在节能降耗方面，麦芽汁一段冷却技术具有以下四方面的优点：第一，降低能耗，节电约40.5%；第二，节约热能，水和热麦芽汁全程热交换后，出口水可直接供洗槽工艺使用，麦芽汁热回收率90%~95%；第三，降低水耗，节约麦芽汁冷却水约40%；第四，降低辅助材料酒精的消耗，一段冷却以水作载冷剂，酒精用量分别降低29%和30%。

b. 冷却塔冷却水循环利用。冷却系统的氨冷凝器需要消耗大量冷却水，可在冷凝器下部建一个大容器水池收集冷却水，再泵到高位冷却塔通风喷淋降温，重新作冷凝器冷却水。这些冷却水在长期循环中会产生结垢和青苔，应定期投药。

c. 利用洗瓶机最后一次喷淋水。洗瓶过程有四部分水，第一部分是预浸水，脏瓶进入预洗，水很脏，一般每天排放换水1次；第二部分是碱水喷冲；第三部分是热水喷冲，这两部分水大部分工厂已循环利用；第四部分是最后一次喷冲水，达到最后把瓶洗净、降低温度的目的，这部分水稍显碱性，pH值为7.0~8.0，有少量的COD和BOD，可以收集用于洗箱机的洗箱水、杀菌机喷淋水的补充水、冲洗地面等。

d. 冷凝水循环利用。啤酒厂的煮沸锅、糊化锅、杀菌机使用大量蒸汽，产生的冷凝水应返回到锅炉房重新利用。回收的方法主要有开放式回收和密闭式回收两种。其中密闭式回收效率高，是目前主要采用的技术。

4.5.3.3 案例分析

（1）企业概况

某啤酒企业产品年产量约为40万吨，下设酿造、包装储运、工程、品质、采购、行政、财务、IS和人力资源等9个部门。

建有日处理能力13000m³的污水处理站，由三套各自独立的厌氧系统和一套好氧系统组成，采用厌氧＋好氧生物处理工艺，处理啤酒生产过程中产生的生产废水，设备、管道清洗水，办公楼、生活服务中心及居民区的生活废水。年实际处理量294万吨。该企业十分重视资源综合利用，处理后的废水部分回用。企业建立了完善的环境管理体系，不仅对污水、雨水、空气、地下水实施管理，而且还对内部的化学品等受控物质、化学品运输、员工环境培训等方面进行管理。

（2）预审核概况

该企业近年主要原辅材料消耗、能源消耗和主要污染物排放情况见表4-4～表4-6。

表 4-4　主要原辅材料消耗情况

序号	原辅材料名称	消耗量/(t/a)			
		年度1	年度2	年度3	年度4
1	大米	14136	14156	14645	16774
2	麦芽	24319	26578	27780	31959

表 4-5　主要能源消耗情况

年份	产量/(万千升)	水		电		标煤	
		单耗/(t/kL)	年耗/万吨	单耗/(kW·h/kL)	年耗/(万千瓦时)	单消耗/(kg/kL)	年耗/万吨
年度1	24.6	7.24	186.8	119.02	3072	53.08	1.37
年度2	24.11	7.15	181	123.28	3119	58.50	1.48
年度3	25.3	6.58	174.6	118.48	3143	55.03	1.46
年度4	31.44	6.32	208.6	113.09	3730	53.67	1.77

表 4-6　主要污染物排放情况

类别	年度1	年度2	年度3	年度4
废水排放量/万吨	272	221.8	210.2	235.2
COD排放量/t	87	67	67	61
SO₂排放量/t	65	56	87	88
烟尘排放量/t	76	60	58	37

通过权重分析法对全厂各个生产车间进行筛选，确定清洁生产审核重点。通过权重

得分分析看出，糖化工段的清洁生产潜力相对较大，有更大的节能降耗减污空间。针对糖化生产车间的设备，对照工艺流程图，对每一个工艺流程进行分解，按照物料的进出顺利绘制出设备流程图，并将主要的生产设备进行标示，从而确定设备的审核重点，如糊化锅、糖化锅、煮沸锅等，并与啤酒工业清洁生产标准进行对标分析，设置清洁生产目标（见表4-7）。

表4-7 清洁生产目标

类别	项目	现状	目标		
			近期	中期	远期
水资源利用指标	新鲜水用量/(t/kL)	6.32	6.3	6.2	6.0
	标煤单耗/(kg/kL)	53.67	53.5	53.0	52.4
	生产用电单耗/(kwh/kL)	113.09	110	105	100
能源利用指标	蒸汽单耗(LBS/BBL)	116.29	114.0	113.0	112.0
	综合能耗/(kg/kL)	101.01	≤100	≤99	≤98
资源利用指标	标准浓度11度啤酒耗粮/(kg/kL)	167.73	≤165	≤163	≤161
	啤酒总损失率/%	6.81	≤6.5	≤6.0	≤4.7
污染物指标	废水产生量/(m³/kL)	8.24	5.1	4.8	≤4.5
	COD产生量/(kg/kL)	17.3	14.0	11.5	9.5
环境管理指标	清洁生产审核	持续按照《企业清洁生产审核手续》进行审核 按照ISO14001标准要求改进环境管理			

（3）审核过程及审核结果分析

本次审核采用员工为主、专家为辅的方法，共提出清洁生产方案68项。其中，无/低费方案48项，中/高费方案20项。无/低费方案按照边审核边实施的原则，取得了良好的效果，部分清洁生产方案如表4-8所列。

表4-8 部分清洁生产方案一览

序号	分类	方案简述	方案类型	环境效益
1	原辅材料和能源替代	深井水作为冷却水使用	无/低费	节约冷却水 减少 CO_2 排放
2	技术工艺改造	锅炉沼气燃烧机及锅炉节能升级改造	高费	减少 SO_2 排放10.88t
3		从发酵到糖化的麦芽汁CIP回流管设计不合理，长且弯道多。应优化麦芽汁CIP回流管	无/低费	节约用水 减少 CO_2 排放
4		啤酒的煮沸强度降低1%，节约蒸汽和提高收率	无/低费	减少 SO_2 排放16.33t
5	设备维护和更新	CIP回收水罐增容，可多回收一些水	中/高费	节约用水
6		取消 U/FBBTCIP串洗，直接连接 KF清洗，避免二次污染；同时由于管路封闭清洗，节约资源、能源；延长设备的寿命	无/低费	避免二次污染，节约用水

序号	分类	方案简述	方案类型	环境效益
7	过程优化控制	酿造冷水罐因为杀菌排放大量冷水,应提前做好准备,便于操作人员提前将罐内水用完	无/低费	节约用水
8		减少蒸汽管道上不必要的蒸汽手阀,从而减少蒸汽压降,即减少蒸汽损失	中/高费	减少 CO_2 排放110.77t,减少 SO_2 排放3.4t
9	废物回收利用和循环	打包带回收再利用,用于回收瓶的包装	无/低费	减少废物产生
10	加强管理	回收废槽内的糖和热凝固物内的糖,减少污水厂的负荷	中/高费	减少污水厂负荷,降低废水处理成本

(4) 中/高费方案可行性分析

① 废热蒸汽利用改造项目

企业生产过程中产生的大量二次蒸汽直接对空排放,造成大量热能损失。可以进行废热蒸汽利用改造,将这部分热能作为吸收式制冷机组的热源利用,一方面回收了热量,减少对环境影响;另一方面可以节约用电,产生经济效益。

a. 技术可行性分析。在不影响啤酒品质的前提下,可以通过把废热蒸汽通过管道引入汽-水换热器,就可将利用废热蒸汽释放的热量用于吸收式制冷机组的热源。

b. 经济可行性分析。目前该企业生产过程中产生的废热蒸汽如下:煮沸锅,5t,90℃;麦芽汁处理器,2.5t,90℃。

利用其作为吸收式制冷机组的热源,可产生 7～11GJ/h 的 7℃冷水,节约热量517～827GJ/h,投资约 260 万元。

c. 环境可行性分析。方案实施后,可节省标煤 135～216t/a;按每生产 1kW·h 电产生的污染物二氧化碳为 1000g、二氧化硫为 30g 计算,每年相当于减少二氧化碳排放 1098.5～1757.6t,减少二氧化硫 33～52.7t。

② 循环流化床锅炉改造方案

企业使用的锅炉容量小,锅炉效率低,可以更换为环保和煤种适应性好的循环流化床锅炉,该锅炉效率可以达到 90%。而小型锅炉的设计效率为 75%,运行时可以达到 70%,浪费大量的煤炭资源。同时循环流化床锅炉可以实现炉内脱硫,减少尾部烟气的脱硫。

按企业的生产情况和目前的建设情况,可以更换 $2\times75t/h$ 台的循环流化床锅炉。该锅炉可以装机 $2\times12MW$ 的汽轮发电机组。根据热能需要可以设计成抽汽式发电机组,同时满足发电和供热的需要。

a. 技术可行性分析。循环流化床锅炉是 20 世纪 80 年代发展起来的一代燃煤流化床锅炉,具有高效低污染的特点,在我国已开展广泛研究,并已有大量成功应用案例,技术上比较成熟,不存在难点。

b. 经济可行性分析。按照目前的电力建设成本,约 4000 元/kW,两台机组工程造价总计约 9600 万元。按照全年 300d 计算，年发电量可以达到 24MW。见表 4-9。

表 4-9　改造费用估算

装机容量	24MW	备注
发电天数/d	300	
发电量/(kW·h)	$172.8×10^6$	
收入/万元	4320	0.25 元/(kW·h)
总投资/万元	9600	4000 元/kW
发电成本	2592	0.15 元/(kW·h)
盈利	1728	

c. 环境可行性分析。锅炉改造后，一方面，在烟气脱硫方面效果明显，可以实现炉内脱硫，降低脱硫费用；另一方面，由于该锅炉煤种适应性好，可以燃烧污泥，而企业每年产生 8600t 污泥，可以考虑对这些污泥进行燃烧利用，可取得较好的环境效益。见表 4-10。

表 4-10　循环流化床锅炉的特点

机组效率高	可达 90%
煤种适应性好	适应各类煤，并且可以掺烧污泥和废渣
脱硫工艺简单	实现炉内脱硫，降低脱硫费用
该机组可以实现热点联产	保证满足啤酒厂生产用汽

③ 啤酒废酵母回收利用技术

在啤酒生产过程中，每生产 1 万吨啤酒，约有 15t 剩余酵母产生，其中 2/3 是主酵母，这部分酵母质量较好、活性高、杂质少，回收之后约有 1/5 即 2t 用作接种酵母。其他 1/3 是后酵母，在贮酒过程中，与其他杂质共同沉淀于贮酒罐底，一般弃置不用，排放于下水道内，由于其 COD 负荷极高，故造成了很大的污染。总体来看，万吨啤酒可产生闲置酵母 13t（以干重计），总 COD 负荷为 7150kg，单从减少排污方面考虑，也应对这部分啤酒废酵母进行回收利用。

啤酒废酵母中含有丰富的氨基酸、核苷酸及其他营养成分，经深度处理加工后的产物可应用于食品、调味品、医疗和啤酒酿造，可制成酵母抽提物、核苷酸、蛋白粉、酱油等。

a. 技术可行性分析。用水将干净的啤酒废酵母调到 8%～15% 的浓度，并调 pH 值为 4～8，开动搅拌器，用蒸汽缓慢升温，经 2h 左右的时间升温到 48℃，保温 6h，充分激活酵母内源自溶酶体系进行自溶，然后再缓慢升温至 52℃ 左右，加入 500g 木瓜蛋白酶/T 酵母，并搅拌 30min，保温 14h，然后升温至 65℃，保温 4h，冷却静置 24h，将自溶液离心，去除细胞残渣等而得到上浊液，并通过超滤机过滤而得到上清液，进而可用其生产酱油，当然也可制成其他产品。

b. 经济可行性分析。用此项工艺制得的产品如酵母抽提物或酱油均符合相关产品的要求标准，可产生一定的经济效益。如利用废酵母生产酱油，不需要复杂的设备、技术含量低、投资少，且这种酱油味道鲜美，营养价值高于普通酱油，特别适用于一些中小型啤酒生产企业采用。

c. 环境可行性分析。经测算，酵母回收利用技术可减少由于酵母排放而产生的 COD 负荷的 70%，即万吨啤酒可减少排放 COD 负荷 5005kg。另外，酵母中的氮、磷含量较高，而普通废水处理技术对氮、磷的去除率都偏低，故废酵母回收利用后，可使处理后啤酒废水中的氮、磷含量大大降低。

（5）结论

通过开展清洁生产审核，共提出清洁生产方案 68 项，其中无/低费方案 48 项，中/高费方案 20 项。预计年节约标准煤 822t，废水排放量削减 10%。通过推行清洁生产，企业可以取得明显的经济效益、社会效益和环境效益。

4.6 微生物实验室安全

实验室生物安全（laboratory biosafety）是实验室的生物安全条件和状态不低于容许水平，可避免实验室人员、来访人员、社区及环境受到不可接受的损害，符合相关法规、标准等对实验室生物安全责任的要求。

实验室生物安全一词用来描述那些用以防止发生病原体或毒素无意中暴露及意外释放的防护原则、技术以及实践。

4.6.1 微生物实验室安全防护等级

微生物实验室安全防护等级可分为四级：基础实验室——一级生物安全水平；基础实验室——二级生物安全水平；防护实验室——三级生物安全水平；最高防护实验室——四级生物安全水平。根据操作不同危险度等级微生物所需的实验室设计特点、建筑构造、防护设施、仪器、操作以及操作程序来决定实验室的生物安全水平。表 4-11 为与微生物危险度等级相对应的（而非"等同的"）实验室生物安全水平、操作和设备。表 4-12 是四种不同生物安全水平的防护要求。

表 4-11　与微生物危险度等级相对应的实验室生物安全水平、操作和设备

危险度等级	生物安全水平	实验室类型	实验室操作	安全设施
1级	基础实验室——一级生物安全水平	基础教学、研究	GMT	不需要；开放实验台
2级	基础实验室——二级生物安全水平	初级卫生服务：诊断、研究	GMT 加防护服、生物危害标志	开放实验台，此外需 BSC 用于防护可能生成的气溶胶

微生物等级	生物安全水平	实验室类型	实验室操作	安全设施
3级	防护实验室——三级生物安全水平	特殊的诊断、研究	在二级生物安全防护水平上增加特殊防护服、进入制度、定向气流	BSC和/或其他所有实验室工作所需要的基本设备
4级	最高防护实验室——四级生物安全水平	危险病原体研究	在三级生物安全防护水平上增加气锁入口、出口淋浴、污染物品的特殊处理	Ⅲ级BSC或Ⅱ级BSC并穿着正压服、双开门高压蒸汽灭菌器（穿过墙体）、经过滤的空气

注：BSC为生物安全柜；GMT为微生物操作技术规范（见《实验室生物安全手册》第4部分）。

表 4-12　不同生物安全水平的防护要求

	生物安全水平			
	一级	二级	三级	四级
实验室隔离[①]	不需要	不需要	需要	需要
房间能够密闭消毒	不需要	不需要	需要	需要
通风				
——向内的气流	不需要	最好有	需要	需要
——通过建筑系统的通风设备	不需要	最好有	需要	需要
——HEPA过滤排风	不需要	不需要	需要/不需要[②]	需要
双门入口	不需要	不需要	需要	需要
气锁	不需要	不需要	不需要	需要
带淋浴设施的气锁	不需要	不需要	不需要	需要
通过间	不需要	不需要	需要	—
带淋浴设施的通过间	不需要	不需要	需要/不需要[③]	不需要
污水处理	不需要	不需要	需要/不需要[③]	需要
高压蒸汽灭菌器				
——现场	不需要	最好有	需要	需要
——实验室内	不需要	不需要	最好有	需要
——双开门	不需要	不需要	最好有	需要
生物安全柜	不需要	最好有	需要	需要
人员安全监控条件[④]	不需要	不需要	最好有	需要

① 在环境与功能上与普通流动环境隔离。

② 取决于排风位置（见《实验室生物安全手册》第4章）。

③ 取决于实验室中所使用的微生物因子。

④ 例如：观察窗、闭路电视、双向通信设备。

4.6.2　基础实验室——一级和二级生物安全水平

4.6.2.1　基础实验室操作规范

《实验室生物安全手册》列出了最基本的实验室操作和程序，它们是微生物学操作技术规范的基础。在规划实验室和国家级实验室项目时，可以根据这些规程来制订实验室安全操作的书面程序。

每个实验室都应该采用"安全手册"或"操作手册"，其中定义了已知的和潜在的危害，并规定了特殊的操作程序来避免或尽量减小这种危害。规范的微生物学操作技术是实验室安全的基础，而专门的实验设备仅仅是一种补充，绝不能替代正确的操作规范。

（1）进入规定

① 在处理危险度 2 级或更高危险度级别的微生物时，在实验室门上应标有国际通用的生物危害警告标志（图 4-4）。

图 4-4　张贴于实验室门上的生物危害警告标志

② 只有经批准的人员方可进入实验室工作区域。

a. 实验室的门应保持关闭。

b. 儿童不应被批准或允许进入实验室工作区域。

c. 进入动物房应当经过特别批准。

d. 与实验室工作无关的动物不得带入实验室。

（2）人员防护

① 在实验室工作时，任何时候都必须穿着连体衣、隔离服或工作服。

② 在进行可能直接或意外接触到血液、体液以及其他具有潜在感染性的材料或感染性动物的操作时，应戴上合适的手套。手套用完后，应先消毒再摘除，随后必须洗手。

③ 在处理完感染性实验材料和动物后，以及在离开实验室工作区域前，都必须洗手。

④ 为了防止眼睛或面部受到泼溅物、碰撞物或人工紫外线辐射的伤害，必须戴安全眼镜、面罩（面具）或其他防护设备。

⑤ 严禁穿着实验室防护服离开实验室（如去餐厅、咖啡厅、办公室、图书馆、员工休息室和卫生间）。

⑥ 不得在实验室内穿露脚趾的鞋子。

⑦ 禁止在实验室工作区域进食、饮水、吸烟、化妆和处理隐形眼镜。

⑧ 禁止在实验室工作区域储存食品和饮料。

⑨ 在实验室内用过的防护服不得和日常服装放在同一柜子内。

（3）操作规范

① 严禁用口吸移液管。

② 严禁将实验材料置于口内。严禁舔标签。

③ 所有的技术操作要按尽量减少气溶胶和微小液滴形成的方式来进行。

④ 应限制使用皮下注射针头和注射器。除了进行肠道外注射或抽取实验动物体液，皮下注射针头和注射器不能用于替代移液管或用作其他用途。

⑤ 出现溢出事故以及明显或可能暴露感染性物质时，必须向实验室主管报告。实验室应保存这些事件或事故的书面报告。

⑥ 必须制订关于如何处理溢出物的书面操作程序，并予以遵守执行。

⑦ 污染的液体在排放到生活污水管道以前必须清除污染（采用化学或物理学方法）。根据所处理的微生物因子的危险度评估结果，可能需要准备污水处理系统。

⑧ 需要带出实验室的手写文件必须保证在实验室内没有受到污染。

4.6.2.2　实验室工作区

（1）实验室应保持清洁整齐，严禁摆放和实验无关的物品。

（2）发生具有潜在危害性的材料溢出以及在每天工作结束之后，都必须清除工作台面的污染。

（3）所有受到污染的材料、标本和培养物在废弃或清洁再利用之前，必须清除污染。

（4）在进行包装和运输时必须遵循国家和/或国际的相关规定。

（5）如果窗户可以打开，则应安装防止节肢动物进入的纱窗。

4.6.2.3　生物安全管理

① 实验室主任（对实验室直接负责的人员）负责制订和采用生物安全管理计划以及安全或操作手册。

② 实验室主管（向实验室主任汇报的人员）应当保证提供常规的实验室安全培训。

③ 要将生物安全实验室的特殊危害告知实验室人员，同时要求他们阅读生物安全或操作手册，并遵循标准的操作和规程。实验室主管应当确保所有实验室人员都了解这些要求。实验室内应备有可供取阅的安全或操作手册。

④ 应当制订节肢动物和啮齿动物的控制方案。

⑤ 如有必要，应为所有实验室人员提供适宜的医学评估、监测和治疗，并应妥善保存相应的医学记录。

4.6.2.4 实验室的设计和设施

（1）在设计实验室和安排某些类型的实验工作时，对于那些可能造成安全问题的情况要加以特别关注，这些情况包括：

① 气溶胶的形成；

② 处理大容量和/或高浓度微生物；

③ 仪器设备过度拥挤和过多；

④ 啮齿动物和节肢动物的侵扰；

⑤ 未经允许人员进入实验室；

⑥ 工作流程：一些特殊标本和试剂的使用。

一级和二级生物安全水平实验室的设计实例分别见图 4-5 和图 4-6。

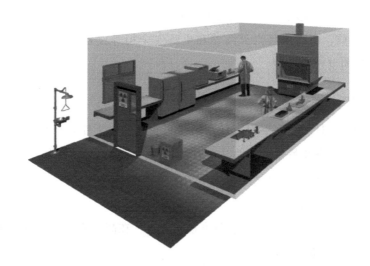

图 4-5 典型的一级生物安全水平实验室

（2）基本生物安全设备

① 移液辅助器——避免用口吸的方式移液。有不同设计的多种产品可供使用。

② 生物安全柜在以下情况使用：处理感染性物质，如果使用密封的安全离心杯，并在生物安全柜内装样、取样，则这类材料可在开放实验室离心；空气传播感染的危险增大时；进行极有可能产生气溶胶的操作时（包括离心、研磨、混匀、剧烈摇动、超声破碎、打开内部压力和周围环境压力不同的盛放有感染性物质的容器、动物鼻腔接种以及从动物或卵胚采集感染性组织）。

③ 一次性塑料接种环，也可在生物安全柜内使用电加热接种环，以减少生成气溶胶。

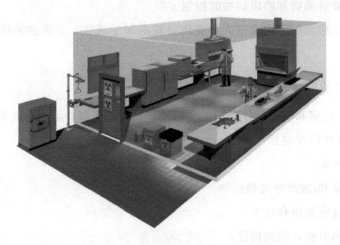

图 4-6 典型的二级生物安全水平实验室

④ 螺口盖试管及瓶子。

⑤ 用于清除感染性材料污染的高压蒸汽灭菌器或其他适当工具。

⑥ 一次性巴斯德塑料移液管,尽量避免使用玻璃制品。

⑦ 在投入使用前,像高压蒸汽灭菌器和生物安全柜等设备必须用正确方法进行验收。应参照生产商的说明书定期检测。

4.6.2.5　健康和医学监测

(1) 主管机构有责任通过实验室主任来确保实验室全体工作人员接受适当的健康监测。监测的目的是监控职业获得性疾病。为达到这些目的,应进行如下工作。

① 根据需要提供主动或被动免疫。

② 促进实验室感染的早期检测。

③ 应禁止高度易感人群(如孕妇或免疫损伤人员)在高风险实验室中工作。

④ 提供有效的个体防护装备和方法。

(2) 在一级生物安全水平操作微生物的实验室工作人员的监测指南

历史证据表明,在一级生物安全水平操作的微生物不太可能引起人类疾病或兽医学意义的动物疾病。但理想的做法是,所有实验室工作人员应进行上岗前的体检,并记录其病史。疾病和实验室意外事故应迅速报告,所有工作人员都应意识到应用规范的实验室操作技术的重要性。

(3) 在二级生物安全水平操作微生物的实验室工作人员的监测指南

① 必须有录用前或上岗前的体检。记录个人病史,并进行一次有目的的职业健康评估。

② 实验室管理人员要保存工作人员的疾病和缺勤记录。

③ 育龄期妇女应知道某些微生物(如风疹病毒)的职业暴露对未出生孩子的危害。保护胎儿的正确措施因妇女可能接触的微生物而异。

4.6.2.6　培训

人为的失误和不规范的操作会极大地影响所采取的安全措施对实验室人员的防护效果。因此，熟悉如何识别与控制实验室危害的、有安全意识的工作人员，是预防实验室事故的关键。基于这一原因，不断地进行安全措施方面的在职培训是非常必要的。一个有效的安全规程首先始于实验室管理者，管理者应确保将安全的实验室操作及程序融合到工作人员的基本培训中。安全措施方面的培训是新工作人员岗前培训的有机组成部分，应向工作人员介绍生物安全操作规范和实验室操作指南，包括安全手册或操作手册。应采用诸如签名传阅的方法，来确保工作人员阅读并理解了这些规程。实验室主管在对属下工作人员进行规范性实验室操作技术培训时起关键作用，生物安全官员可以帮助进行人员培训并研制教具和教案。人员培训的内容应始终包括如何采用安全的方法来进行下列所有实验室工作人员都会经常遇到的高危操作，包括：

① 吸入危险（气溶胶产物），如使用接种环、划线接种琼脂平板、移液、制作涂片、打开培养物、采集血液/血清标本、离心等；

② 食入危险，如处理标本、涂片以及培养物；

③ 在使用注射器和针头时刺伤皮肤的危险；

④ 处理动物时被咬伤、抓伤；

⑤ 处理血液以及其他有潜在病理学危害的材料；

⑥ 感染性材料的清除污染和处理。

4.6.2.7　废弃物处理

废弃物是指将要丢弃的所有物品。在实验室内，废弃物最终的处理方式与其污染被清除的情况是紧密相关的。对于日常用品而言，很少有污染材料需要真正清除出实验室或销毁。大多数的玻璃器皿、仪器以及实验服都可以重复使用。废弃物处理的首要原则是所有感染性材料必须在实验室内清除污染或焚烧，用以处理潜在感染性微生物或动物组织的所有的实验室物品，在被丢弃前应考虑的主要问题有：

① 是否已采取规定程序对这些物品进行了有效的清除污染或消毒？

② 如果没有，它们是否以规定的方式包裹以便就地焚烧或运送到其他有焚烧设施的地方进行处理？

③ 丢弃已清除污染的物品时，是否会对直接参与丢弃的人员，或在设施外可能接触到丢弃物的人员造成任何潜在的生物学或其他方面的危害？

4.6.2.8　清除污染

高压蒸汽灭菌是清除污染的首选方法。需要清除污染并丢弃的物品应装在容器中（如根据内容物是否需要进行高压蒸汽灭菌和/或焚烧而采用不同颜色标记的可以高压蒸汽灭菌的塑料袋），也可采用其他可以除去和/或杀灭微生物的替代方法。

4.6.2.9 污染性材料和废弃物的处理和丢弃程序

（1）要对感染性物质及其包装物进行鉴别并分别进行处理，相关工作要遵守国家和国际规定。废弃物可以分成以下几类。

① 可重复使用，或按普通"家庭"废弃物丢弃的非污染（非感染性）废弃物。

② 污染（感染性）锐器——皮下注射用针头、手术刀、刀子及破碎玻璃；这些废弃物应收集在带盖的不易刺破的容器内，并按感染性物质处理。

③ 通过高压蒸汽灭菌和清洗来清除污染后重复使用的污染材料。

④ 高压蒸汽灭菌后丢弃的污染材料。

⑤ 直接焚烧的污染材料。

（2）锐器

皮下注射针头用过后不应重复使用，包括不能从注射器上取下、回套针头护套、截断等，应将其完整地置于盛放锐器的一次性容器中。单独使用或带针头使用的一次性注射器应放在盛放锐器的一次性容器内焚烧，如需要可先高压蒸汽灭菌。

盛放锐器的一次性容器必须是不易刺破的，而且不能将容器装得过满。当达到容量的3/4 时，应将其放入"感染性废弃物"的容器中进行焚烧，如果实验室规程需要，可以先进行高压蒸汽灭菌处理。盛放锐器的一次性容器绝对不能丢弃于垃圾场。

（3）高压蒸汽灭菌后重复使用的污染（有潜在感染性）材料

任何高压蒸汽灭菌后重复使用的污染（有潜在感染性）材料不应事先清洗，任何必要的清洗、修复必须在高压蒸汽灭菌或消毒后进行。

（4）废弃的污染（有潜在感染性）材料

除了锐器按上面的方法进行处理以外，所有其他污染（有潜在感染性）材料在丢弃前应放置在防渗漏的容器（如有颜色标记的可高压蒸汽灭菌塑料袋）中高压蒸汽灭菌。高压蒸汽灭菌后，物品可以放在运输容器中运送至焚烧炉。如果可能，即使在清除污染后，卫生保健单位的废弃物也不应丢弃到垃圾场。如果实验室中配有焚烧炉，则可以免去高压蒸汽灭菌；污染材料应放在指定的容器（如有颜色标记的袋子）内直接运送到焚烧炉中。可重复使用的运输容器应是防渗漏的，有密闭的盖子。这些容器在送回实验室再次使用前，应进行消毒清洁。应在每个工作台上放置盛放废弃物的容器、盘子或广口瓶，最好是不易破碎的容器（如塑料制品）。当使用消毒剂时，应使废弃物充分接触消毒剂（即不能有气泡阻隔），并根据所使用消毒剂的不同保持适当接触时间。盛放废弃物的容器在重新使用前应高压蒸汽灭菌并清洗。

污染材料的焚烧必须得到公共卫生、环保部门以及实验室生物安全官员的批准。

4.6.2.10 化学品、火、电、辐射以及仪器设备安全

化学品、火、电或辐射事故可以间接导致病原微生物屏障系统的破坏。因此，所有微生物实验室在这些方面必须坚持很高的安全标准。国家或地方的主管部门通常会制定相关的法规和条例，必要时可以从他们那里寻求帮助。

4.6.3 防护实验室——三级生物安全水平

三级生物安全水平的防护实验室是为处理危险度 3 级微生物和大容量或高浓度的、具有高度气溶胶扩散危险的危险度 2 级微生物的工作而设计的。三级生物安全水平需要具备比一级和二级生物安全水平的基础实验室更严格的操作和安全程序。

三级生物安全实验室应在国家或其他有关的卫生主管部门登记或列入名单。

4.6.3.1 操作规范

除下列修改以外,应采用一级和二级生物安全水平的基础实验室的操作规范。

① 张贴在实验室入口门上的国际生物危害警告标志(见图 4-4)应注明生物安全级别以及管理实验室出入的负责人姓名,并说明进入该区域的所有特殊条件,如免疫接种状况。

② 实验室防护服必须是正面不开口的或反背式的隔离衣、清洁服、连体服、带帽的隔离衣,必要时穿着鞋套或专用鞋。前系扣式的标准实验服不适用,因为不能完全罩住前臂。实验室防护服不能在实验室外穿着,且必须在清除污染后再清洗。当操作某些微生物因子时(如农业或动物感染性因子),可以允许脱下日常服装换上专用的实验服。

③ 开启各种潜在感染性物质的操作均必须在生物安全柜或其他基本防护设施中进行。

④ 有些实验室操作,或在进行感染了某些病原体的动物操作时,必须配备呼吸防护装备。

4.6.3.2 实验室的设计和设施

除下列修改以外,应采用一级和二级生物安全水平的基础实验室的设计和设施。

① 实验室应与同一建筑内自由活动区域分隔开,具体可将实验室置于走廊的盲端,或设隔离区和隔离门,或经缓冲间(即双门通过间或二级生物安全水平的基础实验室)进入。缓冲间是一个在实验室和邻近空间保持压差的专门区域,其中应设有分别放置洁净衣服和脏衣服的设施,而且也可能需要有淋浴设施。

② 缓冲间的门可自动关闭且互锁,以确保某一时间只有一扇门是开着的。应当配备能击碎的面板供紧急撤离时使用。

③ 实验室的墙面、地面和天花板必须防水,并易于清洁。所有表面的开口(如管道通过处)必须密封以便于清除房间污染。

④ 为了便于清除污染,实验室应密封。需建造空气管道通风系统以进行气体消毒。

⑤ 窗户应关闭、密封、防碎。

⑥ 在每个出口附近安装不需用手控制的洗手池。

⑦ 必须建立可使空气定向流动的可控通风系统。应安装直观的监测系统,以便工作人员可以随时确保实验室内维持正确的定向气流,该监测系统可带也可不带警报系统。

⑧ 在构建通风系统时,应保证从三级生物安全实验室内所排出的空气不会逆流至该建筑物内的其他区域。空气经高效空气过滤器(high-efficiency particulate air filter,HEPA 过

滤器）过滤、更新后，可在实验室内再循环使用。当实验室空气（来自生物安全柜的除外）排出到建筑物以外时，必须在远离该建筑及进气口的地方扩散。根据所操作的微生物因子不同，空气可以经 HEPA 过滤器过滤后排放。可以安装取暖、通风和空调控制系统来防止实验室出现持续正压。应考虑安装视听警报器，向工作人员发出 HVAC 系统故障信号。

⑨ 所有的 HEPA 过滤器必须安装成可以进行气体消毒和检测的方式。

⑩ 生物安全柜的安装位置应远离人员活动区，且避开门和通风系统的交叉区。

⑪ 从Ⅰ级和Ⅱ级生物安全柜排出的空气，在通过 HEPA 过滤器后排出时，必须避免干扰安全柜的空气平衡以及建筑物排风系统。

⑫ 防护实验室中应配置用于污染废弃物消毒的高压蒸汽灭菌器。如果感染性废弃物需运出实验室处理，则必须根据国家或国际的相应规定，密封于不易破裂的、防渗漏的容器中。

⑬ 供水管必须安装防逆流装置。真空管道应采用装有液体消毒剂的防气阀和 HEPA 过滤器或相当产品进行保护。备用真空泵也应用防气阀和过滤器进行适当保护。

⑭ 三级生物安全水平的防护实验室，其设施设计和操作规范应予存档。

4.6.3.3　实验室设备

在三级生物安全水平实验室中选择设备的原则，与二级生物安全水平的基础实验室一样。但在三级生物安全水平，所有和感染性物质有关的操作均需在生物安全柜或其他基本防护设施中进行。像离心机等需要另外配置防护用附件（如安全离心桶或防护转子）的仪器需要进行特别考虑。有些离心机或其他设备（如用于感染性细胞的分选仪器）可能需要在局部另外安装带有 HEPA 过滤器的排风系统以达到有效的防护效果。

4.6.3.4　健康和医学监测

一级和二级生物安全水平的基础实验室的健康和医学监测的目的也适用于三级生物安全水平的防护实验室，但需作如下修改。

① 对在三级生物安全水平的防护实验室内工作的所有人员，要强制进行医学检查。内容包括一份详细的病史记录和针对具体职业的体检报告。

② 临床检查合格后，给受检者配发一张医疗联系卡（如图 4-7 所示），说明他或她受雇于三级生物安全水平的防护实验室。卡片上应有持卡者的照片，卡片应制成钱包大小，并由持卡者随身携带。所填写的联系人姓名需经所在机构同意，应包括实验室主任、医学顾问和/或生物安全官员。

4.6.4　最高防护实验室——四级生物安全水平

四级生物安全水平的最高防护实验室是为进行与危险度 4 级微生物相关的工作而设计的。这种实验室在建设和投入使用前，应充分咨询有运作类似设施经验的机构。四级生物安全水平的最高防护实验室的运作应在国家或其他有关的卫生主管机构的管理下进行。下列资

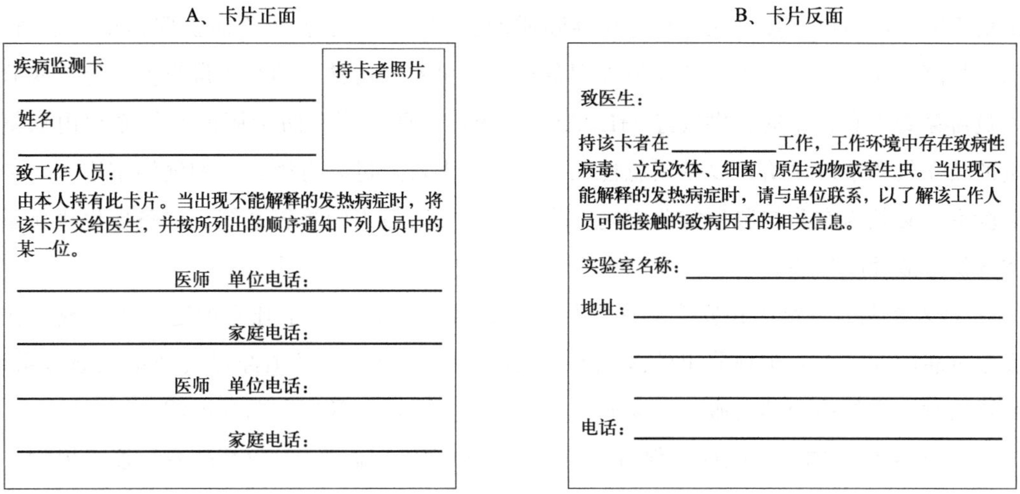

疾病监测卡　　　　　　　持卡者照片

姓名

致工作人员：
由本人持有此卡片。当出现不能解释的发热病症时，将
该卡片交给医生，并按所列出的顺序通知下列人员中的
某一位。

医师　单位电话：

家庭电话：

医师　单位电话：

家庭电话：

致医生：

持该卡者在＿＿＿＿＿＿工作，工作环境中存在致病性
病毒、立克次体、细菌、原生动物或寄生虫。当出现不
能解释的发热病症时，请与单位联系，以了解该工作人
员可能接触的致病因子的相关信息。

实验室名称：＿＿＿＿＿＿＿＿＿＿＿＿＿＿＿

地址：＿＿＿＿＿＿＿＿＿＿＿＿＿＿＿＿＿＿

电话：＿＿＿＿＿＿＿＿＿＿＿＿＿＿＿＿＿＿

图 4-7　医疗联系卡的推荐样式

料仅作为介绍性材料，有关四级生物安全水平实验室发展的实质性工作，应与 WHO 的生物安全规划处联系相关资料。

4.6.4.1　操作规范

除下列修改以外，应采用三级生物安全水平的操作规范。

① 实行双人工作制，任何情况下严禁任何人单独在实验室内工作。这一点在防护服型四级生物安全水平实验室中工作时尤其重要。

② 在进入实验室之前以及离开实验室时，要求更换全部衣服和鞋子。

③ 工作人员要接受人员受伤或疾病状态下紧急撤离程序的培训。

④ 在四级生物安全水平的最高防护实验室中的工作人员与实验室外面的支持人员之间，必须建立常规情况和紧急情况下的联系方法。

4.6.4.2　实验室的设计和设施

三级生物安全水平的防护实验室的要求也适用于四级生物安全水平的最高防护实验室，但需增加如下几点。

① 基本防护。必须配备由下列之一或几种组合而成的、有效的基本防护系统。

——Ⅲ级生物安全柜型实验室。在进入有Ⅲ级生物安全柜的房间前，要先通过至少有两道门的通道。在该类实验室结构中，由Ⅲ级生物安全柜来提供基本防护。实验室必须配备带有内外更衣间的个人淋浴室。对于不能从更衣室携带进出安全柜型实验室的材料、物品，应通过双开门结构的高压蒸汽灭菌器或熏蒸室送入。只有在外门安全锁闭后，实验室内的工作人员才可以打开内门取出物品。高压蒸汽灭菌器或熏蒸室的门采用互锁结构，除非高压蒸汽灭菌器运行了一个灭菌循环，或已清除熏蒸室的污染，否则外门不能打开。

——防护服型实验室。自带呼吸设备的防护服型实验室，在设计和设施上与配备Ⅲ级生物安全柜的四级生物安全水平实验室有明显不同。防护服型实验室的房间布局设计成人员可以由更衣室和清洁区直接进入操作感染性物质的区域。必须配备清除防护服污染的淋浴室，以供人员离开实验室时使用。还需另外配备有内外更衣室的独立的个人淋浴室。进入实验室的人员需穿着一套正压的、供气经 HEPA 过滤的连身防护服。防护服的空气必须由双倍用气量的独立气源系统供给，以备紧急情况下使用。人员通过装有密封门的气锁室进入防护服型实验室。必须为在防护服型实验室内工作的人员安装适当的报警系统，以备发生机械系统或空气供给故障时使用。

② 进入控制。四级生物安全水平的最高防护实验室必须位于独立的建筑内，或是在一个安全可靠的建筑中明确划分出的区域内。人员或物品的进出必须经过气锁室或通过系统。人员进入时，需更换全部衣服，而离开时，在穿上自己的日常服装前应淋浴。

③ 通风系统控制。设施内应保持负压。供风和排风均需经 HEPA 过滤。Ⅲ级生物安全柜型实验室和防护服型实验室的通风系统有显著差异。

——Ⅲ级生物安全柜型实验室。通入Ⅲ级生物安全柜的气体可以来自室内，并经过安装在生物安全柜上的 HEPA 过滤器，或者由供风系统直接提供。从Ⅲ级生物安全柜内排出的气体在排到室外前需经两个 HEPA 过滤器过滤。工作中，安全柜内相对于周围环境应始终保持负压。应为Ⅲ级生物安全柜型实验室安装专用的直排式通风系统。

——防护服型实验室。需要配备专用的房间供风和排风系统。通风系统中的供风和排风部分相互平衡，以在实验室内产生由最小危险区流向最大潜在危险区的定向气流。应配备更强的排风扇，以确保设施内始终处于负压。必须监测防护服型实验室内部不同区域之间及实验室与毗连区域间的压力差。必须监测通风系统中供风和排风部分的气流，同时安装适宜的控制系统，以防止防护服型实验室压力上升。供风经 HEPA 过滤后输送至防护服型实验室、用于清除污染的浴室以及用于清除污染的气锁室或传递室。防护服型实验室的排风必须通过两个串联的 HEPA 过滤器过滤后释放至室外，或者在经过两个 HEPA 过滤器过滤后循环使用，但仅限于防护服型实验室内。在任何情况下，四级生物安全水平实验室所排出的气体均不能循环至其他区域。如果选择在防护服型实验室内循环使用空气，那么在操作中要极度谨慎，必须考虑所进行研究的类型，在防护服型实验室中所使用的仪器、化学品及其他材料，研究中所使用动物的种类。所有的 HEPA 过滤器必须每年进行检查、认证。HEPA 过滤器支架的设计使得过滤器在拆除前可以原地清除污染，也可以将过滤器装入密封的、气密的原装容器中以备随后进行灭菌和/或焚烧处理。

④ 污水的净化消毒。所有源自防护服型实验室、用于清除污染的传递间、用于清除污染的浴室或Ⅲ级生物安全柜的污水，在最终排往下水道之前，必须经过净化消毒处理。首选加热消毒（高压蒸汽灭菌）法。污水在排出前，还需将 pH 值调至中性。个人淋浴室和卫生间的污水可以不经任何处理直接排到下水道中。

⑤ 废弃物和用过物品的灭菌。实验室内必须配备双开门、传递型高压蒸汽灭菌器。对于不能进行蒸汽灭菌的仪器、物品，应提供其他清除污染的方法。

⑥ 必须要有供标本、实验用品以及动物进入的气锁室。

⑦ 必须配备应急电源和专用供电线路。

⑧ 必须安装安全防护排水管。

由于Ⅲ级生物安全柜型或防护服型四级生物安全设施在工程、设计及结构方面的高度复杂性，这里没有给出此类设施的代表性图片。

因为四级生物安全水平实验室中工作的高度复杂性，应单独制订详细的工作手册，并在培训中进行检查。此外还应制订应急方案。在制订应急方案的准备过程中，应与国家和地方的卫生主管机构积极协作。同时，也要包括消防、公安、定点收治医院等应急服务机构。

思考题

1. 什么是微生物？微生物的特点有哪些？

2. 试述微生物的危险度分级。

3. 试述微生物危险度评估过程。

4. 什么是清洁生产？它包括哪些具体内容？

5. 与传统的末端治理相比，清洁生产在资源利用和环境保护方面的优势有哪些？

6. 简述清洁生产对当前我国发展经济与保护环境的意义。

5

生物农药的生物安全及环境影响

随着人们保护生态环境、发展绿色农业和保障食品安全的呼声日益高涨，各国政府纷纷采取减少或限制一些化学农药生产和使用的措施。生物农药以其源于自然，对非靶标生物安全以及环境兼容性好等优点，而备受世界各国的青睐，经过长期大量的基础与应用研究，国际上已有越来越多的生物农药被发现，并应用于植物病虫害的生物防治中，其中许多已登记注册，成为商品化的产品，并广泛应用于农作物、苗圃、草坪、果园及保护地区等。

5.1　生物农药概述

5.1.1　定义和研究范围

5.1.1.1　定义

农药（pesticide）是指用于防治危害农林牧业生产和卫生的有害生物（如害螨、线虫、病原菌、杂草及鼠类等）与调节植物生长的药剂。农药按其来源可分为矿物（源）农药、化学合成农药以及生物（源）农药。

生物农药（biopesticide）指直接利用生物代谢过程中产生的生物活性物质（信息素、生长素、萘乙酸钠等）或生物活体（真菌、细菌、昆虫病毒、转基因生物、天敌等）作为农药，以及人工合成的与天然化合物结构相同的农药及转基因种子和作物等，可用于防治农林作物病虫草鼠害，并可制成上市流通的商品制剂。

5.1.1.2　研究范围

在自然界中，从较小而简单的病毒到较复杂的动物和植物，都可以从中发现具有农药作用的生物体或者由它们产生的生物活性物质。有些昆虫自身的信息素可以把其他害虫引诱过来，利于人类将其集中歼灭，也能起到农药的作用。有的学者和一些国家的政府部门把具有农药功能的抗虫抗病转基因植物与化学合成农药、生物农药一起并列为第三类农药。生物农药当前应用较成功的例子是微生物农药，包括病毒、细菌、真菌等。微生物农药可以用发酵的方法大规模生产，并研制成不同的剂型，因此已成为生物农药中应用量最大的一类，其重要性日益凸显，应用范围也越来越广。

生物农药是天然存在的或者经过基因修饰的药剂，与常规农药的区别在于其独特的作用方式、低使用剂量和靶标种类的专一性。随着科学技术的迅速发展，生物农药的范畴不断扩大，涉及动物、植物、微生物中的许多种类及多种与生物有关的具有农药功能的物质，如植物源物质、转基因抗有害生物作物、天然产物的仿生合成或修饰合成化合物、人工繁育的有害生物的拮抗生物、信息素等；害虫的天敌，如赤眼蜂、丽蚜小蜂、草蛉等，也可以用来杀灭害虫，从更广义的角度来看，也是一种农药。

5.1.2 生物农药的分类

关于生物农药的范畴，国内外尚无十分准确统一的界定。世界各国对生物农药的分类各不相同，生物农药种类繁多，据估计有 5000 余种，来源于不同的生物体，大到动、植物，小到十分微小的病毒；从生物农药的活性成分来看，有复杂的有机体、结构复杂的蛋白质，也有简单的化合物。

我国农药分为化学农药和生物（源）农药，生物农药按其成分和来源可分为植物（源）农药、抗生素农药、生物化学农药、微生物农药（包括微生物活体农药和微生物代谢产物农药）、动物（源）农药和转基因农药六大类（表 5-1）。按防治对象可分为杀菌剂、杀虫剂、杀螨剂、杀病毒剂、杀草剂、杀鼠剂、生长调节剂等。就其利用对象而言，生物农药一般分为直接利用生物活体和利用源于生物的生理活性物质两大类，前者包括细菌、真菌、线虫、病毒及拮抗微生物等，后者包括农用抗生素、生长调节剂、性信息素、摄食抑制剂、保幼激素和源于植物的生理活性物质等。

表 5-1 我国农药的分类

农药传统分类	农药种类	结构分类法
化学农药	化学合成农药	化学分子结构农药 （化学结构农药）
生物农药	植物（源）农药	化学分子结构农药 （化学结构农药）
	抗生素农药	
	生物化学农药	
	微生物农药	生物学结构农药 （活体农药）
	动物（源）农药	
	转基因农药	分子生物学结构农药 （通过对植物基因的修改使其本身具有某种农药功能的该基因种子、作物）

但是，在我国农业生产实际应用中，生物农药一般主要泛指可以进行大规模工业化生产的微生物源农药。以下列举了有代表性的生物农药的不同分类方式（表 5-2）。

表 5-2　生物农药分类举例

按用途分类	按生物来源种类分类	按作用成分分类	代表品种
杀菌剂	真菌杀菌剂 抗生素杀菌剂 海洋生物杀菌剂 混合杀菌剂	活体生物农药 代谢产物 提取物 混合	木霉菌 武夷菌素 OS-施特灵 新植霉素
杀虫剂	植物杀虫剂 细菌杀虫剂 真菌杀虫剂 病毒杀虫剂 抗生素杀虫剂 微孢子虫杀虫剂 线虫杀虫剂 混合杀虫剂	提取物 代谢产物 活体生物农药 活体生物农药 代谢产物 活体生物农药 活体生物农药 混合	烟碱 苏云金芽孢杆菌 白僵菌 棉铃虫核型多角体病毒 阿维菌素 微孢子虫 斯氏线虫 速杀威
杀螨剂	抗生素杀螨剂	代谢产物	浏阳霉素
杀病毒剂	抗生素杀病毒剂	代谢产物	菌克毒克
杀线虫剂	真菌杀线虫剂	活体生物农药	大豆保根菌剂
杀鼠剂	细菌杀鼠剂	代谢产物	C-型肉毒梭菌毒素
杀草剂	真菌杀草剂 抗生素杀草剂	活体生物农药 代谢产物	鲁保 1 号 双丙氨膦
生长调节剂	真菌生长调节剂 植物生长调节剂 细菌生长调节剂	代谢产物 提取物 活体生物农药	赤霉素 芸苔素 蜡质芽孢杆菌
基因活化剂	植物基因活化剂	提取物	福生壮芽灵
保鲜剂	动物源保鲜剂	提取物	利中壳糖鲜

5.1.3　生物农药的特点

5.1.3.1　生物农药的优势

生物农药一般都具备以下优势。

（1）环境相容性

环境相容性即环境适应性，是指生物农药与施药周围的环境融合，对于土壤环境或是植物本身的破坏力非常小，农药对非靶标生物（non-target organism）的毒性低、影响小，在大气、土壤、水体、作物中易于分解，无残留影响。即对环境的压力小，对非靶标生物比较安全。生物农药来源于自然，比较容易分解。大多数生物农药都有较高的选择性，有些是宿主特异性的病原体，一般对脊椎动物是低毒性的，因此，生物农药具有对人畜等防治目标以外生物安全无害的特点。即大多数生物农药对哺乳动物毒性中等/较低，使用中对人畜比较安全。比如生物农药中应用最多的微生物杀虫剂，它们绝大多数是在昆虫种群中传播很快的专性病原体，其杀虫谱十分狭小，甚至只限于某一种或少数几种昆虫，对于靶标昆虫的天敌完全是安全无害的，但是这种专一性也影响了它们的推广应用。

一方面，生物农药因为对植物病原体、害虫、杂草的天敌无害或毒性极低，而天敌又制约着植物病原体、害虫、杂草的发生和危害，这就形成了生物防治的长期防治效果；另一方面，生物农药能直接杀死部分植物病原体、害虫和杂草，即生物防治的短期防治效果。如果加上其他防治措施的密切配合，我们不但可以用生物农药防治病虫草鼠害，使农林业生产免遭较大的损失，而且可以使捕食性天敌有食料来源、寄生性天敌有宿主，在防治植物病原体、害虫、杂草过程中使它们长期发挥作用，使农业生态保持局部平衡，从而预防病虫草鼠害的暴发。

（2）不易产生抗药性

化学农药的使用虽然只有一百多年的历史，而且在不断更新换代，但病菌和害虫的抗药性却呈直线上升，致使防治费用不断地提高，甚至要花费比保护得来的增产更多的资金。大多数生物农药作用成分和作用机理复杂，病虫草鼠害对它们的抗药性发展很慢。特别是活体生物农药，其活体生物在与植物病原体、害虫长期共同生活的过程中进化，能适应它们的防卫体系，依靠它们而生存下来，因此多数生物农药本身能够在适应抗性的过程中发展。比如苏云金芽孢杆菌已发现100余年，其杀虫活性成分是这种细菌在生长过程中形成的一些毒素，在生物杀虫剂中防治害虫的效果是可以媲美化学农药的，生产量很大，应用范围很广。虽然也发现害虫对它产生抗性，但抗性的影响较小并且容易克服，所以至今其生产规模还在不断扩大。

（3）资源丰富，开发成本较低

生物农药资源丰富，我们不仅可以在自然界找到更多的环境相容性更好、活性更高、更安全的生物农药资源，而且可以在原有的资源中通过分离筛选的方法获得生物活性更强的品系。例如球形芽孢杆菌在定名之前一直被认为是一种腐生菌，发现了K菌株后，才了解它对蚊幼虫有毒，是一种病原菌。现在球形芽孢杆菌已被利用开发成一种非常有效而安全的用于杀灭各种蚊幼虫的杀虫剂。此外，通过生物工程技术，也可以大大提高生物农药的活性和使用效果，或是大大提高生物产生活性物质的产量。例如，对于农用抗生素就可以通过许多不同的方法提高产生菌的效价，由此可以用较少的投入来产生较高的经济效益。

生产生物农药多半利用的是农副产品，属于可再生生物质资源。微生物农药一般是用农副产品的下脚料发酵而成，如一种海洋生物杀菌剂，是用海洋生物虾、蟹等甲壳动物的外壳经深加工而制成的生物农药，其主要功能是杀菌并兼有抗病毒作用。植物农药的有效成分存在于根、茎、叶、花、种子等不同部位，如烟草含有烟碱、豆科植物鱼藤含有鱼藤酮、菊科植物除虫菊的花含有除虫菊素、印楝树的种子含有印楝素，经过工业化萃取后，即可作为农药。这些生物农药生产所用原料均为可再生生物质资源，有利于农业可持续发展。

综上所述，生物农药与农业生产、环境保护和社会发展具有良好的相容性，因此有着十分广阔的发展前景。

5.1.3.2 生物农药存在的问题

生物农药因生物活性物质或病原体数量繁多、成分复杂，并不是每一种生物农药都是安全无害的，因此，生物农药本身也有其存在的问题。

（1）药效稳定性差，易受环境因素影响，保质期短

生物农药采用食物链原理，增加有害病虫的天敌，使物种在保持生态平衡的条件下，将能量快速集中于食物链高层，这样使生物种群分布更加科学、有效。同时进行适当的培育，可以将有害的病虫长期控制在一个较低的范围内。但是客观来说，生物农药效果并不能如我们预期那样稳定，它会随着各种因素的变化而变化，周期长，遇到突发情况时很难及时加以应对，而且生物类药物一般保质期较短，如果需求量很大，对于资源短缺的情况难以缓解，且不利于生产销售。

（2）制剂化困难，产品较为单一，研发速度相对较慢

生物农药的创制有自己的特点，首先要进行分离纯化，接着要对生物活性物质和生物体进行筛选和鉴定，在商品开发前还要对产生活性物质的生物进行选育和改良，完成规模化生产。尽管生物农药是一种安全的农药，但还是要按化学农药的要求做好农药的毒理学及安全性研究，并完成农药登记注册。创制新农药是一项复杂的系统工程，它不仅涉及农业、林业、化学化工、昆虫、植物病理、植物生理生化、卫生毒理、环境保护等许多学科领域，还要满足食品、环境、农药等多种管理法规的严格要求。进行生物农药生产的企业，其在技术、资金与管理等方面与大型化学农药龙头企业难以进行比较。除此以外，研发生物农药的成本相对较高、研究机制与审批程序较为复杂，这些原因导致研发生物农药的速度相对较慢。

（3）缺乏技术指导，价格相对较高，推广力度不够

对于生物农药而言，其在运用技术方面的要求相对较高。目前我国农村青年大量转移到城市，进行农业生产的大多数是50岁以上的中老年人，其文化水平相对较低，对于新兴技术与知识的学习能力也相对较弱。这些农民大部分都是凭借经验进行生物农药的使用，缺乏保护环境与生物学方面的相关认识，常常将生物农药当成普通的化学农药进行处理，有时为了省时省力，甚至将化学药剂与生物农药混合使用。这样由于生物农药的使用方式或者使用时间存在问题，使得农药效果有所下降甚至完全失去药效。

农户与经销商在进行农药选择时，主要考虑价格与药效。就目前而言，进行生物农药生产的企业规模相对较小，难以实现规模化生产，在一定程度上增加了研发成本，最终导致生物农药价格相对较高。此外，生物农药相对于化学农药而言，其药效相对较慢，运用生物农药的农产品价格也得不到提升，市场对其并不能充分认可，其推广工作存在问题，还需要农管部门加大优惠力度，政府进行大力引导，生产厂家加强宣传力度。

5.2 生物农药的生物安全性及环境友好性

5.2.1 各类生物农药的概述和代表性品种

5.2.1.1 植物农药

我国植物农药有着悠久的历史,早在公元前 7 世纪,人们就已将许多植物应用于防治农业生产中出现的病虫害问题,如使用莽草、嘉草等植物进行杀虫。这对当今世界植物农药的研究和创新起到重要的促进作用。地球上植物资源十分丰富,《中国有毒植物》一书列入有毒植物 1300 多种,其中许多种类具有杀虫、杀菌、灭鼠作用,不少已被用作植物农药。在我国近 3 万种高等植物中,已被查明有近 100 种植物具有杀虫、杀菌的活性物质。可用作农药的植物种类繁多、成分复杂、作用机理各异。植物活性物质的结构、作用机制、结构与活性间关系的研究,大大促进了新型农药制剂和转基因植物的发展。

(1) 概述

植物农药来源于自然,具有低毒、高效、无残留等特点,是发展有机农业、促进农业可持续发展的理想农药,利用这些植物农药生产的农产品可达到无公害标准。在人们日益关注食品安全的今天,植物农药市场需求量越来越大,显示出其独特的优势。近年来,生物技术、高通量筛选技术和组合化学技术的快速发展及其在农药研发中的渗透和应用,极大地推动了植物农药的发展。

植物农药是指用于防治作物病虫草鼠害及调节植物生长活性的植物体的某些部位,或提取的植物有效成分,有时也包括植物活性成分加工或人工合成的农药。植物农药通常不是单一的一种化合物,而是植物有机体的一部分有机物质,成分复杂多变。一般包含生物碱、糖苷、有毒蛋白质、挥发性精油、单宁、树脂等各类物质。目前我国登记的品种中苦参碱、鱼藤酮、印楝素三大类产品约占总数的 4/5。

在大自然中,人们发现一种病虫害只危害一种或几种植物,而对另外的植物很少危害,甚至不敢危害。这是由于植物在长期进化过程中与病虫害斗争的结果。病菌和害虫诱导许多植物自身产生某些具有特殊生物活性的次生物质,能抵御病虫害的侵袭。不同植物中包含许多种不同类型的化合物,它们显示出不同的生理活性,这不仅在人类医疗卫生事业中具有保健疗效,而且与化学农药一样,植物农药能对植物病菌、害虫产生毒杀、引诱、驱避、拒食以及调节或干扰植物正常生长发育的作用。人们从植物中提取这些活性物质并将其应用于农业生产,这就是植物农药的由来。可见植物农药在我国已成为一类重要的农药,同时它对促进农业生产、保持生态环境将发挥重要作用。

(2) 分类和代表性品种

植物农药种类繁多,植物体内的活性物质十分丰富,并且有着不同的作用方式和用途。依据其用途可分为植物杀虫剂、植物杀菌剂、植物灭鼠剂、植物除草剂和植物生长调节剂等。由于植物中的活性成分多种多样，有的兼具杀虫、除草或杀菌等多种功能。已经发现具有杀虫活性的植物农药有烟碱、苦参碱、印楝素、鱼藤酮、茶皂素、藜芦碱、樟脑等；具有杀菌活性的植物农药有乙蒜素、大蒜素、黄芩甙、柠檬醛等；具有除草活性的有 α-三联噻吩；具有杀鼠活性的有毒鼠碱。

① 植物杀虫剂

植物杀虫剂根据其活性成分可以分为：a. 生物碱，生物碱是植物农药的重要的有效成分，如烟碱、苦参碱、藜芦碱、雷公藤碱等；b. 氨基酸、蛋白质等，如甘氨酸、天门冬氨酸、碱性蛋白等；c. 萜类与挥发油（精油），如除虫菊酯、雷公藤甲素、雷公藤乙素、雷公藤酮、香茅醛、柠檬醛、樟脑等；d. 三萜类与甾体类化合物，如川楝素等；e. 其他，糖苷类；黄酮类，如鱼藤酮等。

植物杀虫剂根据其作用方式又可分为：a. 昆虫生长抑制剂，主要起抑制昆虫取食和生长发育等作用，此类植物有印楝、川楝、苦楝等；b. 触杀性植物杀虫剂，主要起触杀作用而使昆虫致死，此类植物有除虫菊、鱼藤等；c. 胃毒植物杀虫剂，指通过昆虫的口器和消化道进入虫体使害虫中毒身亡，此类植物有苦皮藤、藜芦等；d. 植物性昆虫激素，植物体内存在的调节昆虫生长发育的激素以及人工合成的高活性类似物，比如有抗昆虫保幼激素功能的早熟素就是从藿香蓟属植物中发现并提取的；e. 拒食剂，植物产生的能抑制昆虫味觉感受器从而阻止其摄食的活性物质，是目前国内外研究的焦点，现已发现这类化学物质有糖苷、醌和酚、萜烯、香豆素、木聚糖、生物碱、甾族、聚乙炔等。拒食作用最强的几种植物杀虫剂属于萜烯和香豆素类，如从印楝种子提取的印楝素和从柑橘种子提取的类柠檬苦素都是萜烯类高效拒食剂；f. 引诱剂和驱避剂，植物产生的对特定昆虫有引诱或驱避作用的活性物质。如丁香油可引诱东方果蝇，香茅油可驱避蚊虫；g. 绝育剂，植物产生的对昆虫有绝育作用的活性物质，如由巴拿马硬木天然活性成分衍生合成的绝育剂对红铃虫有效；h. 增效剂，植物产生的对杀虫剂有增效作用的活性物质，如芝麻油中含有的芝麻素和由此衍生合成的胡椒基丁醚，具有延长药效、增加杀虫广谱性、减少农药用量、降低成本等特点。

植物杀虫剂根据其作用机理又可以分为：a. 影响昆虫激素的代谢，如印楝素抗昆虫蜕皮激素，干扰昆虫蜕皮，导致昆虫产生形态上的缺陷；另外印楝素还可影响昆虫的交配及卵子的发育。b. 影响昆虫的神经系统，如烟碱作用于昆虫神经细胞上的乙酰胆碱受体中的烟碱型受体，使神经体持续激活，虫体持续痉挛，麻痹死亡。c. 影响昆虫的呼吸系统，如鱼藤酮是呼吸作用电子传递链中的 I 位点抑制剂，可以影响昆虫的呼吸系统；萘醌类物质作用于线粒体复合体，具有抑制呼吸作用。d. 影响昆虫的消化系统，如植物蛋白酶抑制剂能与昆虫肠道内的蛋白酶结合并抑制其活力，从而影响昆虫的消化功能；川楝素通过破坏菜青虫的中肠组织而起作用。e. 影响离子通道，如除虫菊酯能与细胞膜上的钠离子通道结合，延长其开放时间，从而引起昆虫休克死亡；鱼尼丁能与肌质网上的钙离子通道结合，使钙离子进入肌细胞，能加速细胞死亡，对特定种类昆虫的防治确实有效。f. 其他，如苦豆子中的金雀花碱和苦豆碱对昆虫的同工酶有显著的抑制作用等。

② 植物杀菌剂

植物是抑菌活性物质的天然宝库，被认为是化学合成杀菌剂替代品最好的开发资源。大多数植物杀菌剂可抑制病原菌孢子萌发和菌丝生长。

依据抗菌成分在植物体内的产生过程，将植物杀菌剂概括为原抑制素、后抑制素、植物保卫素（植物抗毒素）等。a. 原抑制素，是指感染前存在于健康植物中的一种成分，而且对侵入体内的微生物的生育具有抑制作用的物质。b. 后抑制素，在健康的植物体内主要以配糖体的形式存在，它本身并无显著的抗菌活性，但适当的机械损伤或微生物入侵而使组织遭受破坏时，它便在组织局部渗出各种水解酶或氧化酶，将后抑制素分解、切断使其激活，从而体现出显著的抗菌活性。c. 植物保卫素（植物抗毒素），是植物受到病原物侵染后或受到多种生理、物理的刺激后所产生或积累的一类低相对分子质量抗菌性次生代谢产物。

③ 植物灭鼠剂

植物灭鼠剂主要分为植物杀鼠剂和植物鼠类不育剂。植物杀鼠剂可直接杀死害鼠，而植物鼠类不育剂可以使鼠类产生不育作用，这两种方法均可使鼠类种群数量减少，从而减轻其危害。利用植物进行杀鼠在我国早有记载，《中国土农药志》记载的其中 403 种植物和《中国植物志》记载的其中 943 种植物均具有杀鼠作用。作为植物杀虫剂的海葱苷、马钱子碱等毒素具有杀鼠作用。

④ 植物除草剂

植物体内的次生代谢物质种类繁多，可能具有抑（除）草活性，它们完全可以作为新型杂草控制剂的先导物，是除草剂发展的一个方向。植物次生代谢物质中有除草活性的物质主要有生物碱、萜类、酮类、羧酸类和醌类等，它们对杂草的萌发、生长具有抑制作用。世界上已发现上百种具有除草活性的天然植物毒素，有些已被开发为除草剂推广应用。广泛筛选植物中这些有除草特性的天然产物，对其中活性物质进行分离鉴定，探索新的活性化合物，并作为农药先导结构的重要来源对结构进行衍生及优化，已成为新农药创制研究的前沿与热点领域。由此可见，从植物中寻找新型、安全的具有除草作用的化合物已成为研究良好的环境相容性除草剂的重要途径。

⑤ 植物生长调节剂

植物生长调节剂是一类与植物激素具有相似生理和生物学效应的物质，具有高效性、低毒性和无污染等特点，包括芸苔素内酯、6-苯甲基嘌呤、玉米素和吲哚-3-乙酸等。主要有植物内源激素和其他植物生长素。

植物内源激素是指植物产生的调节自身生长发育的非营养性微量活性物质，主要包括生长素类、赤霉素类、细胞分裂素类、乙烯、脱落酸五类。这些物质在浓度很低时就有很强的调节作用，但是它们在植物体内含量极少，不易提取。现在已人工合成了各种内源激素及与内源激素有类似作用的其他生长调节剂。如用乙烯促进果实成熟、萘乙酸促进扦插生根等。其他植物生长素有赤霉素、植物脂肪酸和脱落酸等。如利用微生物合成了赤霉素，大量应用于啤酒生产中；用赤霉素诱导淀粉酶的产生，大大节约了大麦的用量，并缩短了生产周期。

5.2.1.2 抗生素农药

抗生素农药是随着医用抗生素的发展而发展起来的一类生物农药。由于其高效、低毒、无残留的特性，市场需求量不断增长。

（1）概述

抗生素是青霉素、链霉素、土霉素、卡那霉素等一类具有抗菌、杀虫等生物活性的化学物质的总称。抗生素农药是指生物（主要是微生物，包括动植物和土壤中的微生物）在生命活动中所产生的化学物质，可有选择地抑制他种微生物生长或杀灭他种微生物的农药。抗生素农药在我国生物农药中占比约为70%。其中金链霉素是金链霉菌的次生代谢产物，对水稻白叶枯、条斑有特效；井冈霉素是我国创制用于水稻纹枯病防治的主要品种。此外具有杀虫活性的抗生素主要有阿维菌素、甲维盐、多杀霉素、乙基多杀菌素、华光霉素、浏阳霉素、伊维菌素等。具有杀菌活性的抗生素有井冈霉素、春雷霉素、多抗霉素、中生菌素、宁南霉素、申嗪霉素、四霉素、武夷菌素等。

抗生素农药作为生物农药中一个独特的类群，具有抗菌、杀虫、除草、抗病毒和生长调节等功能，主要有以下特点：a. 选择性高，在作用于防治对象的同时，不作用于人类本身和其他动物及其他有益生物；b. 无残留，易被其他生物或自然因素分解破坏而在环境中不易积累；c. 高效、低毒、活性高，使用量极少而对环境污染少；d. 生产原料来源方便，大多为淀粉、糖类等农产品；e. 各品种生产工艺相似，同一类设备可生产多个品种。

（2）分类和代表性品种

抗生素种类繁多，已发现的具有独特结构的天然抗生素有6500种以上，其中5000多种是由微生物产生的。抗生素的分类主要依据其来源、作用目标、作用机理、化学结构等来进行。以下简单介绍常用的几种抗生素分类情况。

① 按抗生素的来源分类

在现有的抗生素中有80%以上是由微生物产生的，细菌、放线菌、真菌等都能产生抗生素。

a. 细菌产生的抗生素：如多黏菌素（polymyxin）、枯草菌素（subtilin）、杆菌肽（bacitracin）、短杆菌肽（gramicidin）等多肽类抗生素。

b. 真菌产生的抗生素：如青霉素（penicillin）和灰黄霉素（griseofulvin）等。

c. 放线菌产生的抗生素：如链霉素（streptomycin）、卡那霉素（kanamycin）、新霉素（neomycin）、四环素（tetracycline）、土霉素（oxytetracycline）、庆大霉素（gentamicin）等。

d. 植物和动物产生的抗生素：如地衣和藻类植物产生的吴耳酸和小球藻素。

按生物来源进行抗生素分类的方法比较简单，对寻找新抗生素也有一定的帮助。但应该注意的是，某一种抗生素往往可以由多种生物产生，例如青霉素不仅可由真菌中的青霉属、曲霉属一些种产生，而且可以从链霉菌属的种中获得。此外，一个菌株也可以产生不同的抗生素，例如灰色链霉菌既能产生链霉素，也能产生放线菌酮。

② 按作用对象分类

此分类方法便于在应用时参考。从类别上就可以初步判断出抗生素的应用范围，对于使用者来说是非常有用的。

a. 作为杀菌剂的抗生素：第一，抗细菌病害的抗生素，如防治苹果火伤病、蔬菜软腐病、烟草野火病等有特效的链霉素，防治树细菌性穿孔病、柑橘溃疡病的农霉素-100，防治水稻白叶枯病的灭孢素等；第二，抗真菌病害的抗生素，如防治稻瘟病的灭瘟素 S、春雷霉素，防治水稻纹枯病有特效的井冈霉素、农抗 5102，防治茶云纹叶枯病的放线菌酮等；第三，抗病毒病害的抗生素，除了灭瘟素 S 和放线菌酮外，尚有一些能抑制植物病毒增殖的抗生素，如月桂菌素、比奥罗霉素、阿博霉素等。

b. 作为杀虫剂的抗生素：如杀粉蝶素、阿维菌素等。

c. 作为除草剂的抗生素：如茴香霉素、丰加霉素、双丙氨膦等。

d. 作为动物饲料添加剂的抗生素：如土霉素、杆菌肽、莫能菌素、阿维菌素、泰乐菌素等。

e. 作为食品保藏和防腐的抗生素：如金霉素等。

f. 作为调节植物生长的抗生素：如赤霉素等。

③ 按作用机理分类

此分类方法对理论研究具有重要的意义，缺点是作用机理已经研究得比较清楚的抗生素并不是很多，而且一种抗生素可以有多种作用机理，不同的抗生素也可以有相同的作用机理等。根据作用机理可将抗生素大致分为四类。a. 抑制细胞壁合成的抗生素：如多氧霉素、井冈霉素、青霉素等。b. 阻碍细胞膜合成的抗生素：如多黏菌素、杆菌肽等碱性多肽类抗生素和制霉菌素、两性霉素 B 等多烯类抗生素。c. 抑制细胞蛋白质合成的抗生素：如链霉素、春雷霉素、灭瘟素 S、氯霉素等。d. 抑制核酸合成的抗生素：如灰黄霉素、利福霉素、丝裂霉素 C、博来霉素等。

④ 按抗生素的化学结构分类

根据化学结构，能将一种抗生素和另一种抗生素清楚地区别开来。在常见的抗生素农药中，按其化学结构可概括为下列几类。a. β-内酰胺类抗生素，在分子结构中主要含有 β-内酰胺环（A 环）和四氢噻唑环（B 环）所组成的母核。这类抗生素主要有青霉素、头孢霉素以及它们的衍生物。b. 氨基糖苷类抗生素，在分子中含有氨基糖苷结构的一大类抗生素，这类抗生素包括春雷霉素、井冈霉素、庆大霉素等。c. 四环素类抗生素，具有氢化骈四苯为共同基本母核的一类抗生素，包括四环素、土霉素和金霉素等。d. 大环内酯类抗生素，在分子结构中有一个环状内酯为母体，通过羟基以苷键和 1～3 个分子的糖相连接的一类抗生素。根据大环内酯结构的不同，这类抗生素又可分为两类，即多氧大环内酯抗生素和多烯大环内酯抗生素。e. 多肽类抗生素，在分子结构中含有多种氨基酸，为线状、环状或带侧链的环状多肽类化合物。这类抗生素相对分子质量一般都较大，结构也较复杂。其中较重要的有多黏菌素、杆菌肽、放线菌素、硫肽菌素等。f. 多醚类抗生素，这类抗生素的共同特点是在分子结构的一端带有一系列含氧的官能团（包括醚基、羧基、羟基和羰基）以及半缩醛和螺缩醛。畜用的莫能菌素和盐霉素都属于这类抗生素。g. 核苷类抗生素，以一个杂环的核碱基（如嘌呤碱基、嘧啶碱基）为配基，以糖苷键与糖部分相结合而构成的。如灭瘟素S、多氧霉素、庆丰霉素、丰加霉素等都属于此类抗生素。h. 化学合成类，此类抗生素由于副作用大，正逐渐被淘汰。大部分只允许做兽药，而不用作饲料添加剂。此类抗生素有磺胺类、喹乙醇、呋喃唑酮等。

5.2.1.3　生物化学农药

（1）概述

生物化学农药是通过调节或干扰植物（或害虫）的行为，达到施药目的。因此，生物化学农药是同时满足以下两个条件的农药，一是对防治对象没有直接的毒性，而只有调节生长、干扰交配或引诱等特殊作用；二是属于天然化合物，如果是人工合成的，其结构应与天然化合物相同（允许异构体比例的差异）。

（2）分类和代表性品种

生物化学农药包括化学信息素、天然植物生长调节剂、天然昆虫生长调节剂、天然植物诱抗剂和其他生物化学农药。我国登记数量最多的产品是乙烯利、赤霉酸和氨基寡糖素三大类，占了总数的一半以上。化学信息素包括性信息素、诱虫烯、斜纹夜蛾性引诱剂等。天然植物生长调节剂类主要包括芸苔素内酯、赤霉酸、苄氨基嘌呤、烯腺嘌呤、吲哚乙酸等。天然昆虫生长调节剂包括灭幼脲、灭蝇胺、氟铃脲、除虫脲、抑食肼等。天然植物诱抗剂包括香菇多糖、氨基寡糖素、低聚糖素、S-诱抗素等。

化学信息素中的性引诱剂不能直接杀灭害虫，主要作用是诱杀（捕）和干扰害虫正常交配，以降低害虫种群密度，控制虫害过快繁殖。因此，不能完全依赖性引诱剂，一般应与其他化学防治方法相结合。一要开包后尽快使用；二要避免污染诱芯；三要合理安放诱捕器；四要按规定时间及时更换诱芯；五要防止危害益虫。植物生长调节剂，一要选准品种适时使用；二要掌握使用浓度；三要药液随用随配以免失效；四要均匀使用；五不能以药代肥。

5.2.1.4　微生物农药

微生物农药是以细菌、真菌、病毒以及原生动物或基因修饰的微生物的活体为有效成分的农药。微生物农药具有广谱、高效、安全、环境相容性好等特点。

微生物农药主要分为细菌农药、真菌农药和病毒农药三大类。

（1）细菌农药

细菌农药是一类由细菌或其代谢产物组成的杀虫或杀菌制剂，是国内研究开发较早、生产量最大、应用最广的微生物农药。

细菌农药的特点有：选择性强；对人畜等生物比较安全，对环境相容性高；通常对害虫天敌较安全；不容易产生抗性；容易培养，培养周期短，生产工艺比较简单；产芽孢的细菌农药抗逆性强，易于贮藏和运输；开发与登记费用低于化学农药。

细菌农药按用途或防治对象分类，可分为细菌杀虫剂、细菌杀菌剂、细菌杀线虫剂、细菌杀鼠剂、微生态制剂等。

① 细菌杀虫剂。细菌杀虫剂是指将从昆虫病体上分离得到的病原菌进行培养，以用于防治害虫的微生物培养物。其作用对象主要是农林和医学上的有害昆虫，已发现的昆虫致病菌有苏云金芽孢杆菌（*Bacillus thuringiensis*，Bt）、铜绿假单胞菌（*Pseudomonas aeruginosa*）等。其中，几种芽孢杆菌均已制成商品菌剂在生产中应用。在芽孢杆菌中研究最深入、应用最广的是苏云金芽孢杆菌，主要作用于鳞翅目昆虫，对双翅目、鞘翅目、同翅目、直翅目、食毛目等也有一定的作用。

② 细菌杀菌剂。细菌杀菌剂包括革兰氏阴性菌和革兰氏阳性菌，研究比较多的革兰氏阴性菌有荧光假单胞菌（*Pseudomonas fluorescens*）等。革兰氏阳性菌中芽孢杆菌种类繁多，资源丰富，适应性和抗逆能力强，易于工业化生产和贮藏，应用潜力大。枯草芽孢杆菌（*Bacillus subtilis*）制剂已进行商业化生产，对镰刀菌属（*Fusarium*）和丝核菌属（*Rhizoctonia*）等植物病原真菌有很好的防治效果，同时兼具防病和促进作物生长的作用。蜡状芽孢杆菌（*Bacillus cereus*）对苜蓿猝倒病、大豆猝倒病和根腐病有防治作用。

③ 细菌杀线虫剂。细菌杀线虫剂是一类可用于防治植物线虫的药剂。

④ 细菌杀鼠剂和微生态制剂。细菌杀鼠剂主要有肉毒梭菌产生的毒素，肉毒梭菌毒素包括 A、C 和 D 型，其中 C 型肉毒梭菌毒素作为灭鼠毒素已得到一定范围的应用。微生态制剂又叫活菌制剂、利生菌、益生素，是在微生态理论指导下，由乳酸杆菌、芽孢杆菌、光合细菌和酵母菌等有益微生物经复合培养、发酵、干燥、加工等特殊工艺生产出的生物制剂。它能在数量或种类上补充动物肠道内缺乏的正常微生物，调整或维持肠道内微生态平衡，改进并增强机体的免疫机能，提高机体的抗应激能力。

按是否产芽孢分类，细菌农药可分为芽孢杆菌类细菌农药和非芽孢杆菌类细菌农药。

① 芽孢杆菌类细菌农药。由芽孢杆菌属细菌的芽孢或其代谢产物加工而成的，主要有苏云金芽孢杆菌、球形芽孢杆菌、枯草芽孢杆菌和蜡状芽孢杆菌等。

② 非芽孢杆菌类细菌农药。由菌体或其代谢产物加工而成，主要有铜绿假单胞菌、荧光假单胞杆菌、放射形土壤杆菌、欧氏杆菌等。

（2）真菌农药

真菌农药主要有真菌杀虫剂、真菌杀线虫剂、真菌植病生防剂和真菌除草剂等。

① 真菌杀虫剂。种类繁多的无性型真菌是真菌杀虫剂的主要来源。白僵菌是最典型的代表，其杀虫剂的活性成分是活的孢子。孢子必须在高湿的环境里才能萌发。附着在昆虫体壁上的孢子产生芽管，有时还产生附着孢子；依靠穿透器官的挤压及分泌蛋白酶等水解酶破坏昆虫体壁而侵入体内。真菌杀虫剂通过真菌在各种培养基上发酵而生产。生产上常采用液固双相发酵工艺大量生产分生孢子，并加工制成各种剂型。

在菌物中已用于开发杀虫剂的除卵菌门的大链壶菌外，其余都是无性型真菌，包括白僵菌属（*Beauveria*）、绿僵菌属（*Metarrhicium*）、拟青霉属（*Paecilomyces*）等。

② 真菌杀线虫剂。是使用食线虫真菌经发酵加工制成的，作用方式有捕食和内寄生。捕食性真菌有各种精巧的捕捉器官和捕捉方式，而内寄生真菌则可寄生线虫的包括卵在内的各个生活阶段。应用方法多为全面处理土壤，或采用拌土、拌种或蘸根的接种式方法。应用中须注意并采取长期措施克服土壤抑菌作用对防效的影响。可用于生产真菌杀线虫剂的主要菌物有普可尼亚菌属（*Pochonia*）、被毛孢属（*Hirsutella*）、节丛孢属（*Arthrobotrys*）、单顶孢属（*Monacrosporium*）等。

③ 真菌植病生防剂。真菌植病生防剂中存在通过利用重寄生方式致死植物病原菌，但更多的是利用生长快、拮抗力强的真菌通过抗生、竞争和占领以及诱导植物产生免疫力等方式削弱或减少植物病原物数量与活动，促进植物生长发育，从而减轻病害。可用于生产真菌植病生防剂的主要菌物有木霉属（*Trichoderma*）、腐霉属（*Pythium*）、假丝酵母属（*Candida*）、隐球酵母属（*Cryptococcus*）、隔孢伏革菌属（*Peniophora*）和毛壳菌属（*Chaetomium*）等。

④ 真菌除草剂。真菌除草剂的活性物质是植物病原真菌的活孢子，因此其环境安全性十分重要。要使用致病力和专一性皆较强的病原菌并保证有足够的初始菌量，迅速使杂草死亡，并加快疾病在杂草中的流行。利用真菌防治杂草有引种定殖和淹没式放菌两种应用方式。可用于生产真菌除草剂的主要菌物有链格孢属（*Alternaria*）、尾孢属（*Cercoapora*）、刺盘孢属（*Colletotrichum*）等。

（3）病毒农药

病毒农药是用病毒作为农药实现抗病杀虫工具，可以起到微生物杀虫剂的短期防治作用。使用后有可能使病毒长期存在于农林生态系统中，作为一类被引入的生态因子而起调节害虫种群密度的作用。这是具有全面杀虫和控制害虫种群数量作用的杀虫剂，开创了杀虫剂的新时代，与其他农药的关键差异点就是能在害虫种群中形成"虫瘟"的专一、持效、不易产生抗性、方便、安全的高效杀虫剂。

当前已经开发应用的病毒农药均为杀虫剂，因此病毒农药也称为病毒杀虫剂，病毒杀虫剂主要分为 DNA 病毒杀虫剂和 RNA 病毒杀虫剂两种。

DNA 病毒杀虫剂的典型代表是核型多角体病毒（nuclear polyhedrosis virus，NPV），属杆状病毒科，病毒粒子呈杆状，具囊膜，是一类在自然界中专一性感染节肢动物的 DNA 病毒，主要寄生在鳞翅目昆虫中。由于其高度的宿主特异性，目前杆状病毒已开发作为高效、安全的无公害生物农药，广泛应用于害虫防治。作为杀虫剂开发并获得广泛应用的 DNA 病毒还有杆状病毒科的颗粒体病毒、痘病毒科的昆虫豆病毒亚科、细小病毒科的浓核症病毒亚科及其他 DNA 杀虫病毒，如多分 DNA 病毒科、虹彩病毒科和棕榈独角仙病毒等。

RNA 病毒杀虫剂的典型代表是质型多角体病毒（cytoplasmic polyhedrosis virus，CPV），属呼肠孤病毒科，病毒粒子是二十面体，无囊膜，具衣壳，其顶端有管状突起，病毒粒子也包埋在多角体中,病毒通过破坏消化道使昆虫发生生理饥饿而死亡。其他 RNA 杀虫病毒如双 RNA 病毒科、野田村病毒科等具有 RNA 病毒杀虫剂开发利用的价值。

5.2.1.5 动物农药

(1) 概述

动物农药由动物体产生的对有害生物具有毒杀作用的活性物质、昆虫的内分泌腺体产生的具有调节昆虫生长发育功能的微量活性物质、昆虫产生的作为种内或种间个体之间传递信息的微量活性物质,以及对有害生物具有捕食和寄生作用且商品化繁殖后进行释放而起防治作用的天敌动物和病原动物组成。

动物农药除了一些可以生产并作为杀虫剂的微小病原动物和寄生虫外,还有两大类源于动物的物质:一是由动物产生的毒素,如沙蚕毒素就是最典型的动物毒素类农药,它已成为杀虫剂中的一个大类;二是由动物(主要是昆虫)产生的激素(包括脑激素、保幼激素、蜕皮激素),毒素和信息素等。人们利用这些激素的特殊功能,或是扰乱昆虫正常的生理习性,如蜕皮激素和保幼激素能使昆虫提早或推迟蜕皮,难以适应外界环境以致无法觅食、交配而死亡;或是通过信息素使昆虫聚集而歼之,如集合信息素和性信息素就具有这种功能。

生物防治中广泛利用的天敌动物(昆虫),是一类寄生或捕食其他动物或昆虫的动物(昆虫)。它们长期在农田、林区和牧场中控制着害虫的发展和蔓延。天敌动物(昆虫)在自然界中大量存在,对于某些害虫的发生、成灾起着制约作用,对维持生态平衡、保持物种多样性起着重要作用,目前已经可以扩大繁殖并利用的天敌昆虫主要包括捕食螨、瓢虫、寄生蜂、蟀和草蛉等。

动物农药对自然生态环境安全、无污染,具有高效、低毒且不易产生抗性等特点。

① 环境相容

动物农药来源于动物,可以分为两大部分。第一部分是动物体,包括天敌和动物病原体,它们都有专一性,即它们对非目标生物无害,因此不会影响人、畜、禽的健康,与环境相容性好,喷洒施用亦安全方便,并有减少环境污染的可能;也无"三致"作用,对土壤、大气、水体均无任何污染,是名副其实的 0 毒级(无毒)的生防制剂,并且持效期长、施用次数少、成本低。第二部分是动物产生的特异性毒素,或是与害虫正常生命活动相关的重要调节物质,通过超量或抑制这些物质而干扰有害生物的生长发育,例如昆虫的内源激素等。这些物质在自然环境下容易分解,残留量很低,对人、畜无任何毒性。但是也有些动物毒素,如神经毒素等对害虫的作用机理与对脊椎动物的相似,使用不当会有安全隐患。

② 主动进攻

多数病原体以及天敌动物都能主动进攻宿主,如斯氏线虫和索科线虫都具有一个侵入阶段,索科线虫具口针的寄生前期幼虫、斯氏线虫带鞘的三龄感染期幼虫均具备主动攻击宿主的能力，特别是寄生前期的索科幼虫，可以在水体或借助水膜游动主动寻找宿主。赤眼蜂经人工大量繁殖施放出去后，还有很强的飞行能力，主动进攻的意识很强。

③ 不易产生抗性

多数动物农药使用的剂量很低，组成成分复杂，并且有些还是天然的混配复剂，对害虫有拒食、忌避、抑制生长发育、控制种群等作用，害虫不易产生抗性。许多信息素也是几种化合物的混合物而不是单一的化合物，到目前为止，还没有发现昆虫对信息素的抗性。昆虫交配干扰信息素的特异性保证了害虫的天敌不会同时受到伤害，为作物综合治理方面提供了有效的手段，同时也降低了作物保护过程中对化学农药的依赖。

（2）分类和代表性品种

动物农药主要有动物杀虫剂、动物杀菌剂和其他动物农药几大类。

① 动物杀虫剂

动物杀虫剂包括原生动物杀虫剂、线虫杀虫剂、赤眼蜂和激素类杀虫剂四类。

原生动物杀虫剂中的典型代表：第一，以微孢子虫作为微生物杀虫剂开发使用较为广泛，我国采用蝗虫微孢子虫饵剂防治东亚飞蝗、宽须蚁蝗、白边痂蝗、皱膝蝗等优势种蝗虫，防治效果非常显著；第二，以新簇虫目作为新簇虫杀虫剂开发使用，新簇虫能感染双翅目、鞘翅目、半翅目和鳞翅目的重要害虫，并能致宿主死亡。

线虫杀虫剂主要有斯氏线虫杀虫剂、异小杆线虫杀虫剂和索科线虫杀虫剂。

赤眼蜂可将卵产在松毛虫和玉米螟等害虫的卵粒内，在卵内寄生导致其死亡，通过人工释放赤眼蜂，可起到消灭松毛虫、玉米螟等害虫的作用，并且持效期长。能够在当地越冬的赤眼蜂，第二年以后仍然会起到控制害虫作用，长期维持着对害虫的防效，在温暖、自然环境好、物种丰富的地区这种持效性更长。赤眼蜂目前广泛应用于农田、森林、果园、温室及园艺作物害虫。

激素类杀虫剂主要利用昆虫激素调控作用，特点是量微而效应大，并有种属特异性，所以被研究用以发展新型杀虫剂。但是天然激素因其结构不稳定性，本身不能用于昆虫控制，将天然激素作为母体结构，进行化学修饰后产生新的稳定的物质，如虫酰肼、苯氧威、蚊蝇醚、烯虫乙酯、烯虫酯等；模拟昆虫蜕皮激素作用开发的虫酰肼（tebufenozide）、甲氧虫酰肼（methoxyfenozide）、氯虫酰肼（halofenozide）及环虫酰肼（chromafenozide）等是目前应用最广泛的杀虫剂。

② 动物杀菌剂

动物杀菌剂种类和数量不多，包括海洋动物杀菌剂和抗菌肽。海洋动物杀菌剂是将海洋动物的外壳经化学加工而得到的壳聚糖产品，可激发植物组织产生内源激素和防御体系酶，增强植物体的免疫机制。

抗菌肽由动物细胞产生，昆虫抗菌肽在自然界中来源众多，主要集中于鳞翅目、鞘翅目、双翅目、膜翅目，还有半翅目、等翅目、同翅目及蜻蜓目。抗菌肽根据其氨基酸组成和分子结构特点分为 5 类，即天蚕素类、昆虫防御素、富含脯氨酸的抗菌肽、富含甘氨酸的抗菌肽、抗真菌肽。抗菌肽具有广谱杀菌活性，同时对人无毒副作用，因此具有较好的开发应用前景，可被研制开发成有应用价值的新型食品添加剂，是食品工业中优良的防腐剂、保鲜剂和保藏剂。抗菌肽在化妆品工业中用作防腐剂，它的抗菌和美容作用相比化学防腐剂而言更具独特的优势和广泛的市场潜力。

③ 其他动物农药

其他动物农药有动物毒素和昆虫信息素等。动物毒素包括神经毒素、蛋白质毒素等，其中以沙蚕毒素为先导化合物，已开发出许多高效仿生农药，如沙蚕毒素类杀虫剂、蝎毒素、斑蝥素和其他毒素（主要有蛇毒素、蜘蛛毒素、海葵毒素和芋螺毒素等）。昆虫信息素是昆虫个体向体外释放的一种能在昆虫间传递信息、引起其他个体发生行为反应的微量化学物质，又称外激素，包括只作用于同种的种内信息素和能作用于其他种的种间信息素，主要有性信息素、产卵忌避素、警报信息素、集合信息素及跟踪信息素，利用这些信息素的特殊功能，或是扰乱昆虫正常的生理习性，使其无法觅食、交配而死亡；或是通过信息素使昆虫聚集而歼之。根据其作用原理，常用的昆虫信息素可分为引诱剂、监测信息素、集合信息素和警报信息素等类型。

5.2.1.6 转基因生物农药

转基因生物也叫遗传改良生物体（genetically modified organism，GMO），是指遗传物质和结构经过转基因技术改造的生物。转基因生物包括转基因微生物、转基因植物、转基因动物等，其中具有防治农林业病虫草害及其他有害生物、耐除草剂的转基因生物称为转基因生物农药。随着转基因技术的发展，利用转基因技术定向改造生物的遗传特性，已发展成为现代生物科学技术的核心研究内容之一。但是转基因也存在潜在问题，如对人类新陈代谢的影响、修缮后基因向其他物种漂移的风险以及生态平衡问题、工厂的废弃物和废水的处理问题等。目前，我国批准种植的转基因作物只有棉花和番木瓜，并且遵循着以下的原则来发展，也就是从"非食用—间接食用—食用"的一个发展方向。

棉铃虫是我国较常见的棉花害虫之一，过多使用化学农药又会造成环境污染和产生抗性。20 世纪 60 年代，棉铃虫对化学农药表现出很强的抗药性，导致棉铃虫害连年暴发以致化学防治无法对付，暴露了单一使用化学农药的弊端，由此促进了棉铃虫病害防治农药的发展。2004 年，中国科学院武汉病毒所专家巧妙地提取非洲毒蝎子身上的毒素——蝎毒的基因，利用基因重组技术，制成了生物农药"重组抗棉铃虫病毒"，这种重组后的转基因病毒喷到棉铃虫身上后，虫子就像被麻醉了一样，立即从棉树上跌落，不出 2 天就会死亡。

5.2.2 生物农药的作用机制

生物农药对有害生物的防效主要通过以下几个方面的作用来实现。

5.2.2.1 拮抗作用

拮抗作用是指两种物质对一个生理过程的调节是反向的、完全相反的作用。如一个安定的、处于生物平衡的正常微生物群，对包括人体致病菌在内的外籍菌有明显的生物拮抗作用。导致生物拮抗的原因是微生物及其产生的多种分泌物质的作用，其中厌氧菌起着重大作用。拮抗作用表现形式有：影响细胞壁和生物膜形态，使蛋白质、DNA 合成以及 RNA 合成受阻，对能量的代谢也会有影响，也包括对细胞的分裂的影响等。具有拮抗作用的生物农药主要有植物源农药和抗生素农药。

5.2.2.2 竞争作用

竞争作用是指生物个体间对自然资源不足而发生的争夺现象。它一方面表现为生存空间的竞争，另一方面表现为对食物材料营养需求的竞争。这是植病生防经常利用的一种控制手段。针对空间竞争，可接种较病菌生长迅速且繁殖快的有益微生物，令其尽早长满植物易感部位，形成保护墙，以导致病菌到来难以立足。如国外在松树植株伤口处接种大隔孢伏革菌，待其迅速长满，便防止多年层孔菌的危害。针对营养消耗竞争，是接种生长快、耗营养的有益微生物菌，过早耗掉植物弱的或死组织营养，但不侵害健康部位，造成病菌因生存条件的丧失而受抑制。如农田系统中利用菜豆和大麦轮作，可控制菜豆根腐病的危害。具有竞争作用的生物农药主要有微生物农药。

5.2.2.3 重寄生作用

重寄生作用是指病原物被其他微生物寄生的现象。

5.2.2.4 捕食作用

捕食作用是指捕食生物袭击并捕杀被捕食生物作为食物的一种现象。捕食生物因获得食物而受益，被捕食生物或猎物则受到抑制或死亡。通过捕食可以对被捕食生物起到提高质量、控制数量的作用。捕食作用是动物农药的主要作用机制。

5.2.2.5 诱导寄主抗病性

诱导寄主抗病性是指植物在一定的生物或非生物因子的刺激或作用下，通过激活自身的天然防御机制，产生一种后天免疫功能，使自身免受或减轻病原物的危害。诱导子是指在植病生防中，常利用同种或相近种的无致病力菌系、病原物的弱毒株系或其培养滤液等接种植株后获得对致病菌的抗性。诱导寄主抗病性的获得是植物（源）农药和微生物农药的主要作用机制。

随着生物农药作用机制相关研究的不断深入，会有更多的机制被揭示出来。

5.2.3 生物农药的生物安全性及环境友好性评价

总体来说，生物农药是一种对有害生物高效，对人畜及非靶标生物安全，对环境无污染、无破坏的绿色农药，在有害生物可持续治理中起着非常重要的作用。与化学农药相比，生物农药的优势是安全可靠，但由于生物活性物质或病原体数量繁多、成分复杂，并不是每一种生物农药都是安全无害的，还是有一些生物活性物质或病原体大量使用会带来残留，个别生物活性物质和病原体对有益生物和人体还有很高的毒性。残留安全性是创制任何一种农药都必须面对的问题。此外，人们为了克服生物农药的不足，采用了一些转基因或基因重组技术改造某些生物，这些基因是否成为新的安全隐患，也是值得特别关注的问题。

5.2.3.1　生物农药的安全性评价

生物农药的安全性评价参考农药安全性评价，农药安全性评价一般要由国家有关部门指定的机构，按 GB/T 15670—2017《农药登记毒理学试验方法》进行。

5.2.3.2　生物农药的环境安全性

生物农药是源于生物的天然农药，是安全、无公害的。但是生物农药对环境的安全性只是相对的，并非所有的生物农药都是无毒或低毒的，因此在开发和应用生物农药时仍然必须高度重视生物农药的环境安全问题。每一种农药（包括化学及非化学农药）的毒性如何、对环境有无不良影响，都是要经过严格的安全、环境评价，方能得出结论，所以我们必须对生物农药有足够的了解，对生物农药的环境安全性有一个正确、全面的评估。

（1）农药对土壤和大气的污染

耕地土壤受农药污染的程度与栽培技术和种植作物种类有关，栽培水平高的耕地与复种指数高的土地农药残留量也较大。果树一般施药水平高，因而在果园土壤中农药的污染程度较严重。农药在土壤中的残留也与土壤的各种因子有关，如有机质含量、有无植被等。田间施药时大部分农药落入土中，同时附着在作物上的农药有些也因风吹雨淋落入土中，这就是土壤受到污染的主要原因。使用浸种、拌种等施药方式更是将农药直接施于土中，造成的污染程度更甚。

农药对大气的污染主要是由喷洒农药防治作物、森林和卫生害虫时，药剂的微粒在空中飘浮所致。另外大气的污染也可能是由某些农药厂排出的废气造成的。大气传带是农药在环境中传播与转移的主要途径之一，其他包括水或生物的传带等。农药中悬浮的农药粒子经雨水溶解和淋洗，最后降落在地表，因此雨水中农药的含量有时也是调查大气污染情况的好材料，可以用来表明大气污染在季节中的变迁动态。

（2）农药对水质、水生生物的毒性

① 农药对鱼类的影响

农药造成水质污染的主要原因是农田用药时散落在田地里的农药随灌溉水或雨水冲刷流入江河湖泊，最后归入大海。施用农药若处理不当，如在池塘、河流内洗刷喷药用具及倾倒剩余药液，或施药后没有管理好稻田水的排灌，特别是稻田施药后农药随稻田水外溢，以及农药在空中飘落污染排水沟或排灌渠道、池塘、河流、湖泊，这些都会引起农药污染水体。水体中的农药通过呼吸、食物链和体表三个途径进入鱼体内。

鱼类的食料多为浮游生物，水中的农药易被浮游生物不断吸收进体内，当鱼类吞食这些食料时，农药就转移到鱼体内而产生富集，其含量有时高于浮游生物数千倍。鱼的呼吸器官是表皮极薄的鳃，鳃的表面暴露在水中，使血液和水接触，获得所需要的氧气，从而也就迅速吸收并富集水中的农药。有些将水底泥土和有机物一起吞食的鱼类，农药也可以经消化器官进入体内。此外，水体中的农药可直接由鱼特别是无鳞鱼的皮肤吸收进体内。

农药对鱼类的急性毒性通常是用致死中浓度（LC_{50}）或忍受极限中浓度（TL_m）表示。农药对鱼类的急性毒性分级，各国有不同的标准。农药对鱼类的急性毒性依农药种类而不同。多数生物农药对鱼类还是安全的，如苦皮藤素、多马霉素等对鱼类基本是无毒的。

② 农药对甲壳类动物的影响

有少数生物农药对甲壳类动物具有很高的毒性。例如，灭幼脲类农药的作用机制决定了其对甲壳类动物具有极高的毒性。灭幼脲Ⅰ号在 $1\mu g \cdot L^{-1}$ 时，即可使甲壳类动物幼体外壳的表皮发生组织学变化，即使浓度低于 $0.1\mu g \cdot L^{-1}$，也能引起行为异常。

③ 防止农药使水生生物中毒的措施

a. 污染水质的农药不能在禁止使用的地带施用。

b. 施用对鱼类高毒的农药时，不要使药液漂移或流入鱼塘。对养鱼的稻田施药时，必须慎重选用对鱼类安全的药剂。

c. 施药后剩余的药液及空药瓶或空药袋不得直接倒入或丢入渠道、池塘、河流、湖泊内，必须埋入地下。施药器具、容器不要在上述水域内洗刷，所洗刷的药水不得倒入或让其流入水体中。

d. 在养鱼稻田中施药防治病虫害时，应预先增加 4～6cm 深的水层，药液尽量喷洒在稻茎、叶上，减少落到稻田水体中。

（3）农药对陆生生物的毒性

① 农药对鸟类的毒性

飞禽体内农药的积累起因于取食含有农药污染的作物种子和谷物，或取食经过生物富集、食物链的鱼类和无脊椎小动物。如植物农药鱼尼丁对鸟类毒性高，其对几种鸟类的 LD_{50} 值分别为：野生鸟类 $1.78mg \cdot kg^{-1}$，鸽子 $2.31mg \cdot kg^{-1}$，鹌鹑 $13.3mg \cdot kg^{-1}$。生物农药中对鸟类有较高毒性的并不多见，很多都是安全无毒的。

② 农药对蜜蜂的毒性

蜜蜂能帮助多种植物授粉，对农业增产有重要意义。大田施用农药如果不注意，会引起蜜蜂大量死亡。蜜蜂对农药产生急性中毒时会突然出现大批采集蜂抽筋、打滚、肢节麻痹，死亡快。死蜂嚼吸式口器伸出，翅后翻，肢节内弯，中肠皱缩。有时巢房里的幼虫由于农药中毒滚到巢房口，有的落在箱底。农药对蜜蜂的毒性可分三类，LD_{50} 为 $0.001～1.99\mu g/$头的为高毒类农药，在施用后数天蜜蜂都不能接触，如生物化学杀虫剂氟虫腈；中毒类农药对蜜蜂的 LD_{50} 为 $2.0\sim10.99\mu g/$头，如喷药剂量及施药时间适当，可以安全施用，但不能直接与蜜蜂接触，如丁醚脲；低毒类农药对蜜蜂的 LD_{50} 为 $11.0\mu g/$头以上，可以在蜜蜂活动周围施用，大多数生物农药都属于此类。

③ 农药对家蚕的毒性

一般来说，家蚕比其他昆虫对农药更加敏感。蚕体直接接触农药或农药严重污染的桑叶时，都可能引起家蚕急性中毒或慢性中毒。农药对家蚕的毒性与种类有关。有些植物源杀虫剂如烟碱、鱼藤酮等对家蚕的毒性很大，烟碱致死剂量为 $6\sim8\mu g/$头，每克桑叶内含 $4\sim10\mu g$ 烟碱则引起严重中毒。烟碱所污染的桑叶残毒期达 $60d$。另外，生物化学杀虫剂灭幼脲对蚕有极强的毒性，LD_{50} 为 $0.16mg\cdot kg^{-1}$。在微生物源农药中也有一些对蚕有毒，特别是苏云金芽孢杆菌，对蚕毒性很强，在养蚕地区使用时，必须注意勿与蚕接触，养蚕区与施药区要保持一定的距离，以免使蚕中毒死亡。

④ 防止农药使陆生生物中毒的措施

a. 选择合适的施药时间，根据当地气候条件制定合理的试验方案。

b. 选择合理的药剂种类和施药方式。尽可能选用对鸟类、蜜蜂或者家蚕毒性小或无毒而又能达到施药目的的药剂。对蜜蜂要尽量避免采取喷粉的方式；在桑园用药应掌握风向，尽量采用粗液滴、低喷施的方法，不宜采用机动弥雾或航空喷雾，以免使药液飘散到桑叶上。

c. 发现蜜蜂中毒时，首先将蜂群撤离毒物区，同时清除混有毒物的饲料，并用 1∶1 的糖浆和甘草水进行补充饲喂。家蚕中毒时，应立即通风换气，排除农药残留气味，并加网喂新鲜无毒桑叶，隔离毒源，受农药污染的蚕具、器械应立即更换清洗。

（4）农药对生物多样性的影响

就农业而言，农业生物多样性包括农业产业结构多样性、农业利用景观多样性、农田生物多样性、农业种植资源与基因多样性等几个尺度水平。农业活动区域分布于全国各种生物地理气候带，区域内残存丰富的野生物种、生境和遗传基因资源。农业生产影响农区边际土地和农区内残存的岛状野生生境（湿地、小片林地和草地），而渔业生产影响整个海域。农作物病虫害防治一直以来是农业生产的关键环节。现代农业中，农药等农用化学品的大量使用已对农业生物多样性造成严重影响。因此，合理使用农药对保护农业生物多样性具有重要意义。

农药的合理使用与药剂的选择、使用方法、使用浓度、使用次数、使用时期及用药期间的自然环境等都有十分密切的关系。农药的合理使用必须遵循：a. 根据当地具体情况，确定施药方案；b. 根据不同的防治对象，选择合适的农药；c. 根据防治对象的发生情况，确定施药时期；d. 根据害虫的危害习性，确定施药部位；e. 根据农药特性，选用适当的施药方法。

目前，生物农药的开发和使用对保护生物多样性发挥了巨大的作用，例如，可以引进或开发某一类害虫的天敌资源作为动物农药的动物活体，使其定居、建群、扩大其自然控制范围，促使在一定区域内形成天敌种群优势，达到控制害虫的相对生态平衡状态。

虽然生物农药的使用对维持生物多样性有着重要作用，但同时也存在着风险。例如我们在使用动物活体这类生物农药时就有可能出现如下问题：a. 引进的天敌有可能成为某种放养的益虫的天敌，妨碍益虫的生产。b. 引进的天敌存在与本地近缘天敌种类互相竞争而降低后者歼灭害虫效率的可能性，或者与本地近缘种或同种天敌杂交，杂交出来的后代歼灭害虫的效率比父母本还低，换言之，就是降低本地天敌质量。

不仅使用动物活体这类农药可能对生物多样性产生影响，在我们使用其他类型的生物农药时也可能对生物多样性产生一定的影响。所以我们在使用生物农药时，要对药物类型和剂型进行合理的选择，做到对症下药。

(5) 土壤中农药生物降解与污染土壤的生物修复

土壤中农药被分解的途径很复杂，概括起来主要有氧化水解、缩合、脱氯化氢、脱羧、异构化等途径。在分解途径的各反应中，有的阶段快，有的阶段缓慢，因此中间产物有多有少。各阶段反应的速度也因土壤条件的不同而异。经研究表明，农药在是否经灭菌土壤中的分解速度有很大差异，说明土壤中细菌对农药分解有显著作用，且两者分解速度可差几倍，甚至达到 10～100 倍。

5.2.3.3 生物农药登记管理

为了保护人类的健康和赖以生存的环境，目前许多国家特别是工业发达国家均实施了农药登记制，未经登记的产品不能销售。各国的农药登记法规对进行登记的农药提出了一系列非常严格的要求。一国生产的农药进入另一国家的市场，必须按另一国的登记法规进行登记。因此，一个国家的农药登记法规实质上代表该国农药管理水平。

我国目前依照 2022 年 1 月 7 日农业农村部令 2022 年第 1 号修订的《农药登记管理办法》（2022 修订），规定：在中华人民共和国境内生产、经营、使用的农药，应当取得农药登记。未依法取得农药登记证的农药，按照假农药处理。因此，新农药、新制剂必须进行登记，取得登记证后，才能申请准产证或生产许可证，方能进行生产、销售和使用。

5.3 生物农药的发展现状及前景

5.3.1 生物农药的发展现状

我国是文明古国，又是农业大国。我们的祖先在世界上最早使用生物农药，直至今天我国生物农药的研究和应用依然走在世界前列。我国研制的许多生物农药在国内外都有较大的影响，如井冈霉素、农抗 120、赤霉素、棉铃虫核型多角体病毒、苦参碱、印楝素等。生物农药在病虫害综合防治中的地位和作用越来越重要,未来生物农药会有更快速的发展。除了在生物农药的生产应用方面我国令全世界关注之外,基础研究方面也在突飞猛进。

我国生物农药产品从不稳定向稳定发展,由剂型单一向剂型多样化方向发展,由短效向缓释高效性发展。研究和发现新型先导化合物和明确新型药物作用靶标已经成为新型生物农药创制与开发的重要基础性工作。

21世纪,我国生物农药研究和应用是重点发展微生物农药、农用抗生素和病毒杀虫剂等龙头产业,加强真菌杀虫剂和植物源农药等新型生物农药的技术创新,实现生物农药产业的跨越式发展。目前,我国农业正进入一个从传统农业向高效优质和可持续发展的现代农业转变的新的历史时期,因此生物农药的研究和应用面临着前所未有的历史机遇和技术挑战,产业发展前景十分广阔。

5.3.2 生物农药的发展建议

人类防治植物病害可以追溯到几千年前,当时使用的一直是植物性或天然的无机化学农药。但是近半个世纪以来,生物农药的发展走过了一段曲折而艰难的历程,有成功的经验,也有失败的教训。其原因有来自化学农药的激烈竞争,也有研究应用的失误。但是总的看来,生物农药的研究是在不断向前发展的,与此同时化学农药也在竞争中前进。针对这样的现实,各国都在制订新的策略以提高生物农药的药效和防治病虫草鼠害的效果。目前生物农药有三个引人注目的发展方向:一是利用生物工程技术改造生物农药,包括运用基因工程作为作物保护的手段;二是科学使用生物农药、扬长避短;三是以化学和生物相结合的方法开发与创制新农药。

结合目前我国生物农药的发展态势和发展方向,关于生物农药的发展建议如下。

(1)制订相关行业标准,建立健全评估体系

目前农药的评估体系是建立在化学农药的基础上的,其主要以杀死率作为指标,用化学农药的评估体系对生物农药进行评估显然不够合理和科学。因此,有关专家应该建立以病虫害减退率或者以作物保护率作为指标的新型的生物农药评估体系。由于生物农药中的成分较为复杂,很多成分在生态方面的影响还缺乏相关研究,对于人与动物的影响也缺乏相关研究。所以,有关部门应该制订行业标准,不仅能够加强产品的监督与管理工作,还能在一定程度上预防风险,保证生态安全的同时保障人与动物的健康。

(2)加强农业投入,完善推广体系

我国农业具有全球最大的推广体系,为我国农业与经济发展提供了非常有利的条件。由于缺乏相关经费支持,使得农业推广遭到极大阻碍,因此,建议加大农业科技方面的投入力度。经研究表明,对农业研究投资其回报率相对较高。加大农业方面的投入,不仅能够保证推广工作的顺利进行,还能进行改革创新,进行职能的转变。此外,如果能够借鉴行业的推

广经验，将从上到下的行政推广转变成依据农民需要而展开参与式与互动型的服务，一定能够对新产品与新技术的推广起到关键性的作用。

（3）加强对农药应用集成技术的研发和创新

农药对卫生防护、生态保护和现代农业等方面都有着举足轻重的作用。同时，其研发和创新也都与其有着密不可分的关系，并且在发展农业和生态文明的建设中有重要意义。所以，我国应当发挥、弘扬该优势，在创新的基础上筹划，提升我国在产业竞争市场地位和技术水平。对应用集成技术加强研究，并针对不同情况有不同的方案。经济效益方面，在不破坏稳定药效的情况下，减少生产成本，充分发挥其综合防治的作用。

（4）提供必要的财政支持

消费者在选择和使用农药时，会优先考虑药效和成本。因此，目前生物农药对于消费者来说并不是最佳选择，消费者一般会选用经济实惠的农药。所以生物农药目前在消费市场并没有良好的市场。因此，政府应该加大资金投入、加强宣传和增加推广力度，让消费者认可生物农药，促进农村对于农产品质量的思考，营造良好的环境生态意识，创造积极主动的市场氛围，不断推进生物农药被消费者认可、选择和使用。

5.3.3　生物农药的发展前景

开发和使用生物农药是农药工业发展的一个方向，也是保护环境、维护生态和人类健康安全的需要。各国不断加强开展微生物农药、农用抗生素、病毒杀虫剂等方面的研究。近年来，生物农药的生产和应用更是规模空前，基础研究更加深入，实验手段更为先进。总之，生物农药的研究无论从研究方法、生产工艺、制剂剂型或是实际应用方面都在采用崭新技术向着理想方向发展。生物农药必将发挥其安全、高效、除害保益的特长，为人类社会作出独特的贡献。我国幅员辽阔，天敌资源丰富，大力开展生物农药及其应用技术的研究必将有着广阔的发展前途。

思考题

1. 什么是生物农药？简述生物农药的研究范围。
2. 简述生物农药的分类。
3. 简述生物农药的优势和存在的问题。
4. 什么是植物农药？它有什么特点？
5. 简述植物农药的分类及代表性品种。
6. 什么是抗生素农药？它有什么特点？
7. 简述抗生素农药的分类及代表性品种。
8. 什么是微生物农药？它有什么特点？

9. 简述微生物农药的分类及代表性品种。

10. 什么是动物农药？它有什么特点？

11. 简述动物农药的分类及代表性品种。

12. 什么是生物化学农药和转基因农药？

13. 简述生物农药的作用机制类型。

14. 简要概括生物农药的环境友好性评价。

15. 简述我国生物农药的发展现状和前景。

参 考 文 献

[1] 王妍妍，时光慧．中华人民共和国生物安全法．法律：中华人民共和国年鉴社，2021：948-953．

[2] Mikkelsen, T. R. et al. 1996. The risk of crop transgene spread. Nature, 380：31.

[3] 李瑞农．国务院各部门生态环境保护重要规章-开展林木转基因工程活动审批管理办法．中国环境年鉴，《中国环境年鉴》编辑部，2019，165-168，年鉴．

[4] 薛达元．转基因生物安全与管理．北京：科学出版，2009：212．

[5] 国务院修改《农业转基因生物安全管理条例》．种子世界，2017（11）：7．

[6] 农业部关于修改《农业转基因生物安全评价管理办法》的决定．中华人民共和国国务院公报，2017（07）：60-69．

[7] 农业农村部关于修改《农业转基因生物安全评价管理办法》等规章的决定 [J]．中华人民共和国国务院公报，2022（11）：38-42．

[8] 李灿东，郭泰，王志新．转基因技术的过去与现在．大豆科技，2019．

[9] 张木清，王继华，徐世强．一种甘蔗梢腐病病原菌转化方法．CN107746858A [P]．2018-03．

[10] 方陵生．《科学》2019 年科学大事件展望 [J]．世界科学，2019（2）：10-12．

[11] 卢志鹏．重组毕赤酵母猪生长激素的可溶性表达及发酵．华南农业大学，2017．

[12] 薛达元．转基因生物安全与管理．北京：科学出版社，2009：57．

[13] 宋西芳．生物技术在现代农业种植方面的应用．农业开发与装备，2020（07）：59-61．

[14] 李文跃，曹士亮，于滔，等．作物转基因技术、种植现状及安全性．黑龙江农业科学，2020（10）：124-128．

[15] 国际农业生物技术应用服务组织．2016 年全球生物技术/转基因作物商业化发展态势．中国生物工程杂志，2017，37（4）：1-8．

[16] 赵雨佳，范培蕾，梁亮，等．转基因作物的发展与检测分析 [J]．计量技术，2019（10）：54-57．

[17] 吴俣菲．浅谈转基因食品的利与弊．现代食品，2019（22）：44-46．

[18] 卓勤，杨晓光．转基因食品的安全评价 [C]//中国疾病预防控制中心达能营养中心．达能营养中心 2019 年论文汇编：转基因食品与安全，2019：5．

[19] JAMES C. 2014 年全球生物技术/转基因作物商业化发展态势 [J]．中国生物工程杂志，2015，35（1）：1-14．

[20] 杜孟盈，马宗琪，焦来正，等．转基因食品的潜在危害 [J]．现代农业科技，2022（16）：184-187．

[21] 郝梓萌，刘晓晨，孙德胜，等．转基因食品的安全性评价与管理 [J]．食品安全导刊，2022（32）：156-158．

[22] HAMMOND B G, VICINI J L, HARTNELL G F, et al. The feeding value of soybeans fed to rats, chickens, catfish and dairy cattle is not altered by genetic incorporation of glyphosate tolerance [J]. J Nutr, 1996, 126（3）：717-727.

[23] 金红，孙琪，张斌，等．利用蛋白质 SDS-PAGE 电泳方法检测转基因大豆的初步研究 [J]．食品研究与开发，2010，31（05）：148-150＋156．

[24] 马启彬，卢翔，杨策，等．转基因大豆及其安全性评价研究进展 [J]．安徽农业科学，2020，48（16）：20-24，51．

[25] 朱元招．抗草甘膦大豆转基因 PCR 监测及其饲用安全研究 [D]．北京：中国农业大学，2004.

[26] 吴争，夏芝璐，雷达．转基因大豆油对低营养模型小鼠免疫功能的影响 [J]．实验与检验医学，2020，38（05）：847-852.

[27] MALATESTA M，BORALDI F，ANNOVI G，et al. A long-term study on female mice fed on a ge-netically modified soybean：effects on liver ageing [J]．Histochem Cell Biol，2008，130（5）：967-977.

[28] 敖灵．科学认识转基因食品 [J]．食品与发酵科技，2019，55（03）：86-88.

[29] 张美冬，孙玲，熊秋芳．转基因作物的安全性及其评价 [J]．湖北农业科学，2015，54（5）：6.

[30] 任振涛，薛堃，周宜君．转基因作物安全性评价研究的文献计量可视化分析 [J]．生态与农村环境学报，2021，37（12）：11.

[31] 洪琳．对转基因作物问题的哲学思考 [D]．成都理工大学，2015.

[32] 谢道昕，闫建斌，杜然，等．一种评价转基因植物食用安全性的方法．CN110470771B [P]．2021．2023.

[33] 尉亚辉．转基因植物及转基因植物食品的安全性 [C]．转基因食品安全与风险评估学术研讨会论文集，2015.

[34] 孟昆，杨培龙，姚斌．转基因农作物饲用安全性评价及管理的紧迫性 [J]．动物营养学报，2015（04）：9-14.

[35] 应用 β 淀粉样蛋白寡聚体特异性表位疫苗及 α-生育酚醌治疗阿尔茨海默病转基因小鼠的研究 [J]．2017.

[36] 高耀辉，高亦珂，卜祥龙，等．转基因菊花中间试验的安全性评价 [J]．分子植物育种，2017，15（7）：5.

[37] 董姗姗，章嫡妮，刘燕，等．一种评价抗虫转基因玉米对斑马鱼饲用安全性的法：CN110079579A [P]．2023-07-29.

[38] 党聪，汪芳，卢增斌，等．Meta 分析在转基因作物安全性评价中的应用 [J]．中国生物防治学报，2020，36（1）：7.

[39] 栾颖，梁晋刚，周晓莉，等．RNAi 转基因作物安全评价研究进展 [J]．生物安全学报，2019，28（2）：8.

[40] 于惠林，贾芳，全宗华，等．施用草甘膦对转基因抗除草剂大豆田杂草防除，大豆安全性及杂草发生的影响 [J]．中国农业科学，2020，53（6）：12.

[41] 郭利磊，朱家林，孙世贤，等．转基因作物的生物安全：基因漂移及其潜在生态风险的研究和管控 [J]．作物杂志，2019（2）：7.

[42] 谭万忠，彭于发．生物安全学导论 [M]．北京：科学出版社，2014.

[43] 赵紫华．入侵生态学 [M]．北京：科学出版社，2021.

[44] 郭文超，谭万忠，张青文．重大外来入侵害虫马铃薯甲虫生物学、生态学与综合防控 [M]．北京：科学出版社，2012.

[45] 万方浩，郭建英．中国生物入侵研究 [M]．北京：科学出版社，2009.

[46] 万方浩，彭德良，王瑞．生物入侵：预警篇 [M]．北京：科学出版社，2009.

[47] 万方浩，谢丙炎，杨国庆．入侵生物学 [M]．北京：科学出版社，2011.

[48] 张国良, 曹坳诚, 付卫东. 农业重大外来入侵生物应急防控技术指南 [M]. 北京: 科学出版社, 2010.

[49] 丁晖, 石碧清, 徐海根. 外来物种风险评估指标体系和评估方法 [J]. 生态与农村环境学报, 2006, 22 (2): 92-96.

[50] 马占鸿. 植物病害流行学 [M]. 北京: 科学出版社, 2010.

[51] Mc Mauph T. 亚太地区植物有害生物监控指南 [M]. 中国农业科学院植物保护研究所生物入侵室, 译. 北京: 科学出版社, 2013.

[52] 沈佐锐. 昆虫生态学及害虫防治的生态学原理 [M]. 北京: 中国农业大学出版社, 2009.

[53] 孙玉芳. 外来入侵生物风险评估与管理制度研究 [J]. 农业环境与发展, 2006, 26 (4): 38-39.

[54] 张国良, 曹坳诚, 付卫东. 重大农业外来入侵物种应急防控技术指南 [M]. 北京: 科学出版社, 2010.

[55] 董金皋, 康振生, 周雪平. 植物病理学导论 [M]. 北京: 科学出版社, 2014.

[56] 牛纪元. 生物入侵的综合治理与发展展望 [J]. 黑龙江农业科学, 2011, (11): 44-46.

[57] 欧国腾, 赵宇翔, 江赢, 等. 贵州南部山区紫茎泽兰的替代控制研究 [J]. 中国森林病虫, 2012, (2): 23-26.

[58] 唐秀丽, 谭万忠, 付卫东, 等. 外来入侵杂草黄顶菊的发生特性和综合控制技术 [J]. 湖南农业大学学报 (自然科学版), 2010, 36 (6): 694-699.

[59] 万方浩, 李保平, 郭建英. 生物入侵: 生物防治篇 [M]. 北京: 科学出版社, 2008.

[60] 万方浩, 谢丙炎, 褚栋. 生物入侵: 管理篇 [M]. 北京: 科学出版社, 2008.

[61] 吴文君, 罗万春. 农药学 [M]. 北京: 中国农业出版社, 2008.

[62] 张国良, 曹坳诚, 付卫东. 农业重大外来入侵生物应急防控技术指南 [M]. 北京: 科学出版社, 2010.

[63] 于景芝. 酵母生产与应用手册 [M]. 北京: 中国轻工业出版社, 2005.

[64] 绳新安, 李开英, 陈天斌. 用喷浆造粒干燥机处理发酵高浓度有机废水 [J]. 化工设计通讯, 2004, 30 (3): 44-45.

[65] 周旋, 刘慧, 王焰新, 等. 酵母废水处理技术进展 [J]. 工业水处理, 2007, 27 (7).

[66] 张克强, 朱文亭, 张蕾, 等. 含硫酸盐高有机物浓度酵母生产废水两相厌氧处理 [J]. 城市环境与城市生态, 2002, 15 (6): 42-44.

[67] 周友华, 李超, 闫喜凤. LLMO 处理酵母废水 [J]. 水处理技术, 2006, 32 (6): 58-60.

[68] 史郁, 周旋, 刘慧. 酵母废水 TOC 与 COD 相关性研究 [J]. 环境科学与技术, 2007, (1): 32-34.

[69] 徐华, 吴文伟, 马林, 等. 酵母废水处理试验研究 [J]. 给水排水, 2001, (5): 53-54.

[70] 范燕文, 谢辉玲, 邹教华, 等. 有机纳滤膜处理酵母废水中试实验研究 [J]. 工业水处理, 2006, (7): 57-59.

[71] 雷兆武, 薛冰, 王洪涛. 清洁生产与循环经济 [M]. 北京: 化学工业出版社, 2017, 9.

[72] 世界卫生组织. 实验室生物安全手册. 第 3 版 [M]. 北京: 化学工业出版社, 2004.

[73] 孙晓峰, 李晓鹏. 啤酒工业清洁生产技术需求探析 [J]. 中国环保产业, 2010, 2: 49-51.

[74] 张华, 阚久方, 张雁秋. 略论啤酒清洁生产 [J]. 重庆环境科学, 2001, 23 (3): 66-69.

[75] 梁多, 彭超英. 啤酒工业废水治理及清洁生产实例 [J]. 酿酒, 2004, 31 (3): 84-86.

[76] 李延，徐济勤，曹昌洋．浅谈啤酒工业中的清洁生产［J］．产业研究，2007，23：12-13.

[77] 刘研．浅析啤酒全生命周期中的清洁生产机会［J］．环境科学与管理，2008，33（9）：186-190.

[78] 程言君，宋云，孙晓峰．污染减排与清洁生产［M］．北京：化学工业出版社，2013，2.

[79] 李毅，洪华珠，陈振民，等．生物农药［M］．第2版，武汉：华中师范大学出版社，2016.

[80] 邱德文．生物农药研究进展与未来展望［J］．植物保护，2013，39（5）：81-89.

[81] 李金星．动物源生物农药研究进展［J］．现代农业科技，2011，（23）：227.

[82] 徐汉虹．生物农药［M］．北京：中国农业出版社，2013.

[83] 唐韵，等．生物农药使用与营销［M］．北京：化学工业出版社，2016.

[84] 叶明．微生物学［M］．北京：化学工业出版社，2010.

[85] 张铁军，杨秀伟．中药质量控制［M］．北京：科学出版社，2011.

[86] 赵丽萍．动物源农药发展概况［J］．新疆农垦科技，2013，（9）：20-21.

[87] 何永梅，夏正清．植物源杀虫剂苦皮藤素在蔬菜生产上的应用［J］．农药市场信息，2011，（1）：39.

[88] 蔡浩勇，黄联联，杨素梅．浅析植物生长调节剂在农业生产中的安全应用［J］．安徽农学通报，2009，（10）：70-71.

[89] 叶萱．对生物农药市场的现在和未来的分析［J］．世界农药，2016，38（2）：12-14.

[90] 王可．我国生物农药研究现状及发展前景［J］．广东化工，2012，39（6）：88.

[91] 莫圣书，王玉洁，赵冬香．植物诱导抗虫性及其在害虫治理中的应用［J］．湖北农业科学，2011，50（4）：656-659.